CAROLA VON KESSEL

WAS DENKT — MEIN PFERD?

PFERDEVERHALTEN AUF EINEN BLICK

DER FOTO-RATGEBER

KOSMOS

INHALT

PFERD UND MENSCH

SERVICE

PFERDE VERSTEHEN

Pferde strotzen vor Kraft. Wenn sie galoppieren, dann bebt die Erde. Sie sind wachsam und sensibel, sodass ihnen nichts entgeht. Ob eine Maus durchs Gras huscht, in der Ferne ein Hund bellt oder eine Fliege auf ihrem Fell landet – die sanften Powerpakete bekommen alles mit.

Gerade weil Pferde so viel spüren, sind sie wahre Meister der Anpassung. Als Herdentiere nehmen sie jede Stimmung um sich herum wahr und reagieren darauf. So erklärt sich auch ihre beeindruckende Kooperationsbereitschaft im Reit- und Fahrsport: Sie stellen sich bereitwillig auf unsere Anforderungen ein und erfüllen sie so gut wie möglich.
Ob Pferde im menschlichen Sinn denken können, ist Ansichtssache. Auf jeden Fall aber

können sie lernen und damit auch ihre Instinkte teilweise überwinden. Und sie können sich sehr gut erinnern, auch über Jahre und Jahrzehnte hinweg. Das alles macht den Umgang mit Pferden so faszinierend, aber auch anspruchsvoll. Sie spiegeln unser Verhalten wider – im Positiven wie im Negativen.

Wer sich zu Pferden hingezogen fühlt, möchte ihnen am liebsten jederzeit gut gelaunt, ausgeglichen und mit klaren Botschaften begegnen. Aber Hand aufs Herz: Wem gelingt das schon immer?

Meist können Pferde sich von unserer Stimmung nicht abgrenzen, sondern lassen sich ganz im Gegenteil davon anstecken. Das ist wunderbar, wenn wir fröhlich und voller Zuversicht in den Stall kommen. Sind wir aber genervt, ungeduldig oder auch ängstlich, senden wir oft Doppelbotschaften aus. Das verwirrt das Pferd, und früher oder später wird es seine eigenen Entscheidungen treffen – was schon wegen seiner kräftemäßigen Überlegenheit keine gute Idee ist.

Damit das nicht passiert, müssen wir unsere eigene Ausstrahlung und Körpersprache immer wieder selbstkritisch überprüfen. Deshalb sind Pferde wunderbare Lehrmeister für uns – und wir für sie!

Wer sein Pferd fair und konsequent behandelt und die natürlichen Bedürfnisse des Vierbeiners so weit wie möglich befriedigt, der wird mit einer äußerst lebendigen Beziehung belohnt. Dabei lernt einer vom anderen, sodass sich Pferd und Mensch gemeinsam weiterentwickeln.

TYPISCH PFERD

Als Herdentiere sind Pferde höchst sensible und soziale Wesen. Wenn sie sich sicher fühlen, sind sie die friedlichsten Tiere auf der Erde. Aber wehe, etwas beunruhigt sie! Dann können sie im Bruchteil einer Sekunde von völliger Entspannung auf höchste Alarmbereitschaft umschalten. Das ist aus ihrer Sicht kein bisschen übertrieben, sondern dient dem Überleben: Beim Angriff eines Raubtiers haben Pferde in der Wildnis nur dann eine Chance, wenn sie rechtzeitig das Weite suchen ...

WAS PFERDE BRAUCHEN

Für ein gutes Grundgefühl brauchen Pferde ein verlässliches Umfeld und die Gesellschaft anderer Pferde. Aber auch wenn alles stimmt, können ein plötzliches Geräusch, eine schnelle Bewegung oder das Erschrecken eines Artgenossen sie schlagartig aus der Ruhe bringen.

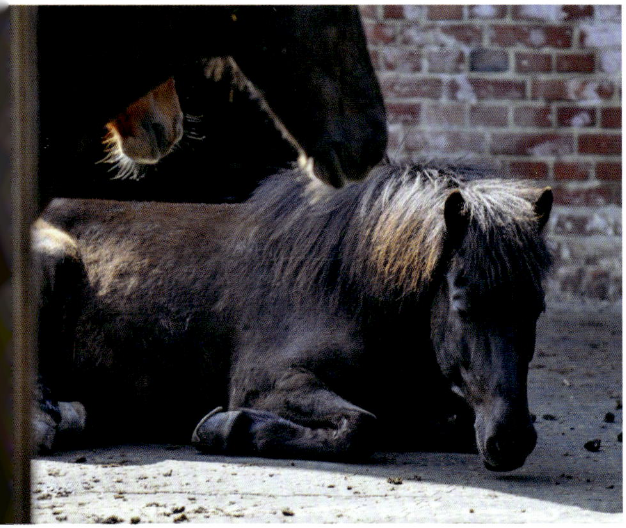

Sicherheit

Die wilden Vorfahren unserer Pferde konnten nur überleben, weil sie jede Gefahr sofort wahrnahmen und darauf reagierten. Dieses Verhaltensmuster ist fest verankert. Deshalb erschrecken Pferde so leicht, wenn plötzlich etwas Ungewohntes passiert. Die Mitglieder einer Pferdegruppe können sich aufeinander verlassen: Während einige Pferde ruhen, passen andere auf. Solange die Wachposten ruhig bleiben, wissen alle, dass keine Gefahr droht. Später wird dann gewechselt. So muss kein Pferd ständig wachsam sein.

Der Fluchtinstinkt ist bei den Pferden genetisch fixiert. Wenn sie erschrecken, besteht ihre erste Reaktion darin, blitzschnell vor der (vermeintlichen) Gefahr davonzulaufen. Weil Pferde die Umwelt völlig anders wahrnehmen als wir Menschen, können solche Schreckreaktionen für uns sehr überraschend kommen – z. B., wenn das Pferd etwas hört, riecht oder sieht, was wir überhaupt nicht bemerken.

➔ Sozialkontakt

Pferde sind soziale Wesen und brauchen ihre Artgenossen wie die Luft zum Leben. Die Gruppe gibt ihnen die Gewissheit, dass alles in Ordnung ist. Der Zusammenhalt hilft den Pferden, auch schwierige Situationen durchzustehen, sei es ein Gewitter oder ein fremder Hund, der über die Weide jagt. Deshalb sollte kein Pferd dauerhaft allein gehalten werden.

← Spiel

Zum Glück sind Pferde in menschlicher Obhut nur selten echten Gefahren ausgesetzt. Meist führen sie ein recht geruhsames Leben zwischen Stall, Weide und Reithalle. Vor allem jüngere Pferde sind damit nicht ausgelastet. Im Freilauf toben sie deshalb gern mit Gleichgesinnten herum und stacheln sich gegenseitig an, um überschüssige Energie loszuwerden.

➔ Futter

In der Natur sind Pferde jeden Tag viele Stunden mit der Futtersuche und mit Fressen beschäftigt. Dabei bewegen sie sich langsam, aber beständig, knabbern hier ein bisschen Gras und dort etwas Laub oder Zweige. Sie fressen fast rund um die Uhr, aber nie viel auf einmal. In ihrem natürlichen Lebensraum, der Steppe, finden sie nur karge Nahrung. Dagegen können sie vom Überangebot auf unseren gedüngten Weiden zu dick und sogar krank werden.

KÖRPERBAU

Der Körperbau der Pferde ist auf schnelle Flucht ausgerichtet. Trotz der Unterschiede zwischen den einzelnen Rassen haben alle Pferde gemeinsame Grundmerkmale. Mit ihrem leistungsstarken Herzen und der großen Lunge können sie nicht nur schnell sprinten, sondern auch ausdauernd lange Strecken zurücklegen.

Bewegungskünstler

Mit ihren langen, kräftigen Beinen bringen Pferde es im Galopp auf bis zu 70 km/h. Sie sind aber nicht nur schnell, sondern auch geschickt. Pferde können selbst in hohem Tempo Haken schlagen, enge Kurven meistern oder plötzlich die Richtung wechseln.

Das Skelett der Pferde besteht aus etwa 250 Knochen. Die Wirbelsäule reicht vom ersten Halswirbel gleich hinter den Ohren über die Rücken- und Lendenwirbel bis in den Schweif hinein. Kein Wunder, dass auch Pferde Rückenschmerzen haben können! Damit sie uns gut tragen und unter dem Sattel anspruchsvolle Lektionen ausführen können, brauchen sie ein vielseitiges Training, das ihre Muskeln, Bänder und Sehnen stärkt.

Wunderwerk Huf

Die Hufe sind wahre Wunderwerke. Die äußere Hufwand und die Sohle sind so robust, dass die Pferde auch über harte Böden laufen können. In der Mitte der Sohle liegt der elastische Hufstrahl, der wie ein Stoßdämpfer die Bewegungen abfedert. Das Äußere der Hufe besteht wie unsere Fingernägel aus Horn, das ständig nachwächst. In der Natur sorgt der natürliche Abrieb dafür, dass die Hufe nicht zu lang werden. Bei unseren Reitpferden müssen die Hufe dagegen regelmäßig fachkundig in Form gebracht werden.

Der Hals

Der lange Hals ist nicht nur beim Grasen praktisch. Pferde können ihn auch weit zur Seite drehen und sich so z. B. am Hinterbein beknabbern, wenn es dort juckt. Vor allem aber hilft er ihnen, Sehreize genauer einzuordnen. Für gute Fernsicht heben sie den Hals hoch an. Um etwas hinter sich genauer zu betrachten, drehen sie Hals und Kopf, wie auf diesem Bild.

HAUT UND HAARE

Das Fell der Pferde ist vielseitig wie moderne Funktionskleidung: im Sommer seidig und dünn, im Winter dicht und lang. Auch Mähne, Schweif und Fesselbehang sehen nicht nur schick aus, sondern erfüllen wichtige Aufgaben. So ist das Pferd für jedes Wetter gut gerüstet.

Sommerfell

Pferde wechseln zweimal im Jahr das Fell. In der warmen Jahreszeit tragen sie dünnes, seidiges Sommerfell. Es leitet Schweiß ab und trocknet schnell. Im Herbst fallen die feinen Haare aus, dafür wächst ein dichtes, langes Winterfell. Mähne und Schweif sind bei den meisten Pferden nicht vom Fellwechsel betroffen. Vereinzelt gibt es aber Pferde, die ein- oder zweimal jährlich auch diese langen Haare verlieren.

Winterfell

Im Winter ist unter dem langen Deckhaar eine zusätzliche Fellschicht, das sogenannte Unterhaar. Diese weiche, wollige Schicht speichert die Körperwärme und isoliert die Pferde so gut, dass auf der äußeren Fellschicht sogar Eis und Schnee liegen bleiben. Wie lang und dicht das Winterfell ist, hängt auch von der Pferderasse ab. Ursprüngliche Typen wie dieser Isländer haben einen besonders langen und dichten Winterpelz.

Wasserdicht

Das Deckhaar am Pferdekörper lässt Regenwasser optimal abfließen. An Hals, Rumpf und Kruppe wachsen die Haare von vorn nach hinten und teils auch von oben nach unten. Große Fellwirbel an den Flanken leiten das Wasser ab. Auf diesem Foto sieht man gut, wie das nasse Fell einen dichten Schutz bildet. Darunter bleibt die Haut des Pferdes warm und trocken.

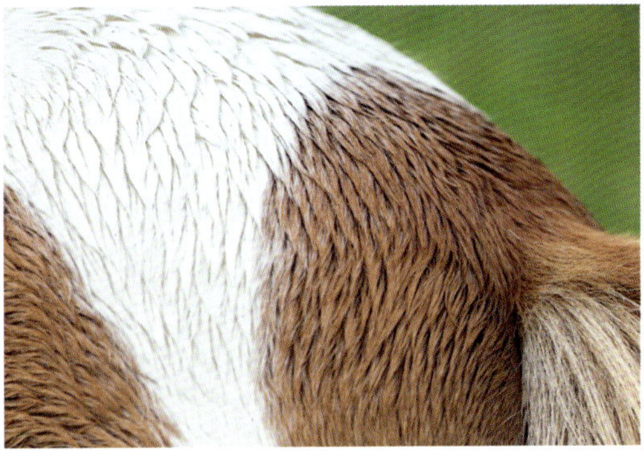

Puschelfüße

Der Fesselbehang an den Hinterseiten der Fesselgelenke sieht je nach Pferdetyp sehr unterschiedlich aus. Bei manchen Rassen wie z. B. den Tinkern ist er dicht und buschig, bei vielen Sportpferden ist dagegen kaum ein Fesselbehang vorhanden. Ungeachtet der individuellen Unterschiede hat der Behang die Aufgabe, die empfindliche Fesselbeuge vor Schmutz und Nässe zu schützen. Ist er allerdings sehr dicht, können sich darunter leicht Bakterien und Pilze ansiedeln.

Mähne und Schweif

Die langen Haare an Kopf, Hals und Po helfen vor allem im Sommer bei der Insektenabwehr. Um Mähne und Stirnschopf als Fliegenwedel zu benutzen, schütteln Pferde Kopf und Hals. Den Schweif können sie dagegen eigenständig bewegen, weil in seinem fleischigen oberen Teil (der sogenannten Schweifrübe) etwa 15 bis 20 Schwanzwirbel liegen. Über Muskeln lässt sich dieser letzte Teil der Wirbelsäule willentlich steuern – z. B., um mit dem Schweif Fliegen zu verscheuchen oder eine besondere Stimmung auszudrücken.

ALLES IM BLICK

Pferde sehen ganz anders als Menschen. Bei natürlicher Kopfhaltung haben sie einen enorm weiten Sehbereich. Nur was dicht vor und direkt hinter ihnen geschieht, können sie mit den Augen nicht wahrnehmen. Das sollten wir im Umgang beachten.

Rundumsicht

Die Augen liegen wie bei den meisten Fluchttieren seitlich am Kopf, sodass Pferde weit um sich herumblicken können. So erkennen sie z. B. auch, was schräg hinter ihnen geschieht. Deshalb kann es passieren, dass Pferde vor etwas erschrecken, was wir Menschen überhaupt nicht bemerken.

In der Dämmerung und bei Dunkelheit sehen Pferde viel besser als Menschen. Dagegen ist ihre Farbwahrnehmung weniger differenziert. Vermutlich können sie Gelb, Blau und Grün gut unterscheiden, die Farbe Rot aber kaum oder gar nicht erkennen. Deshalb verwendet man im Training oft Bodenhindernisse in den Farben Gelb und Blau.

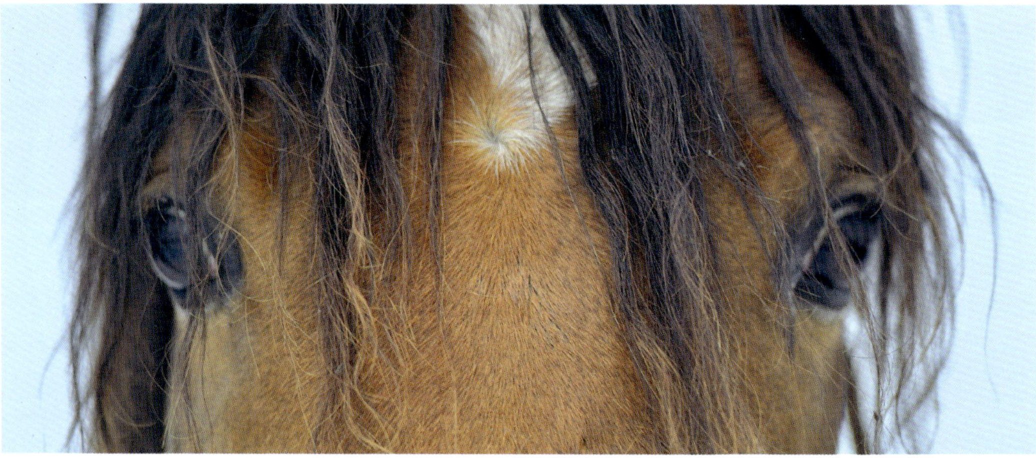

Hohe Kopfhaltung

Pferde können ihre Augen nicht wie wir nach oben und unten bewegen. Um gut in die Ferne blicken zu können, müssen sie daher den Kopf anheben. Wenn die Situation es zulässt, sollten wir ihnen diesen freien Blick erlauben. Meist entspannen sich Pferde von selbst wieder, wenn sie sich in Ruhe davon überzeugen konnten, dass es harmlos ist, was sie gesehen haben.

Tiefe Kopfhaltung

Mit tiefer Kopfhaltung können Pferde nur einen kleinen Bereich vor sich sehen. Von Natur aus tragen sie den Kopf vor allem dann tief, wenn sie entspannt sind und sich sicher fühlen. Auf beiden Bildern oben ist gut zu erkennen, wie das zuvor angespannte Pferd jetzt wieder vertrauensvoll und gelassen neben seiner Führperson hergeht.

Seitenwechsel

Pferde verarbeiten Sehreize unterschiedlich, je nachdem, ob sich etwas links oder rechts von ihnen befindet. Deshalb können sie vor Dingen erschrecken, an denen sie schon zigmal vorbeigegangen sind – nur, weil jetzt das andere Auge den Reiz wahrnimmt. Daher sollte man Pferden mögliche Schreckauslöser immer von beiden Seiten zeigen.

AUF EMPFANG

Ob sie wollen oder nicht – Pferde bekommen alles um sich herum mit. Diese Sensitivität ist nicht auf konkrete Wahrnehmungen der Umwelt beschränkt. Auch Stimmungen von Artgenossen oder uns Menschen nehmen Pferde auf und reagieren darauf.

Riechen

Der Geruchssinn ist bei Pferden sehr gut ausgeprägt. Sie schnuppern gern an Artgenossen und an deren Ausscheidungen. Der Geruch frischer Pferdeäpfel verrät ihnen z. B., ob der Haufen von einem männlichen oder weiblichen Pferd stammt. Hengste finden durch Schnuppern heraus, ob eine Stute paarungsbereit ist. Und bei der Bindung zwischen Mutterstute und Fohlen spielt der Geruch ebenfalls eine wichtige Rolle.

Hören

Pferde können ihre Ohren einzeln bewegen und so auch Geräusche aus unterschiedlichen Richtungen empfangen. Durch Drehen der Ohren orten sie genau, woher ein Geräusch kommt, und wissen, ob es sich nähert oder entfernt. Das Gehör der Pferde ist viel feiner als unseres.

Tasten

Die langen, feinen Haare rund um Maul und Nüstern sind Tasthaare. Damit spüren Pferde z. B. kleine Steinchen im Futter. Das ist sehr praktisch, da sie den Bereich direkt vor ihrem Maul ja nicht sehen können.

Schmecken

Auch das Schmecken spielt für Pferde eine wichtige Rolle. Wie bei uns Menschen sind ihre Vorlieben unterschiedlich: Manche stehen auf Äpfel und Bananen, andere bevorzugen Möhren und Futterrüben. Viele Pferde sind nicht wählerisch und fressen so ziemlich alles, was sie erwischen können. Es gibt aber auch heikle Fresser, die nur wenige Futtersorten akzeptieren.

Orientieren

Die meisten Pferde haben einen hervorragenden Orientierungssinn und finden auch über größere Entfernungen sicher nach Hause. Man weiß noch nicht genau, wie sie das machen. Vielleicht orientieren sie sich wie Zugvögel am Magnetfeld der Erde, vielleicht weisen Gerüche oder auffallende Wegmarkierungen ihnen den Weg. Wenn sie schon einmal in einer Gegend waren, hilft ihnen mit Sicherheit ihr hervorragendes Gedächtnis bei der Orientierung.

AUFGEPASST

So schnell, wie Pferde in Alarmbereitschaft geraten, können sie den Erregungspegel auch wieder herunterfahren. Die meisten gehen zur Tagesordnung über, sobald sie sich von der Ungefährlichkeit der Lage überzeugt haben. Wie sie reagieren, hängt auch von ihrer Persönlichkeit und ihren Erfahrungen ab.

Wachposten

Aus Sicht der Pferde ist es eindeutig klüger, einmal zu oft wegzulaufen, als eine Gefahr zu ignorieren und deshalb von einem Raubtier gefressen zu werden. Wo Flucht nicht möglich ist, schauen sie deshalb lieber genau hin, bis sie ganz sicher sind, dass keine Gefahr droht. Vor allem Bewegungen können sie oft nicht gut einordnen.

Gewohnheitstiere

Im vertrauten Umfeld gruseln Pferde sich leicht vor Ungewohntem. Eine Tasche mit Zaunmaterial auf der Weide, ein Fasan auf dem Reitplatz oder ein neuer Schrank in der Stallgasse können sie zutiefst verunsichern. Auch hier hilft es, die Neuerung genau zu inspizieren – und schon verliert sie ihren Schrecken.

Spaziergänger

Bei Begegnungen mit Spaziergängern bleiben die meisten Pferde cool – es sei denn, die Leute haben klackernde Spazierstöcke oder einen ratternden Kinderwagen dabei. Dann denkt so manches Pferd doch an Flucht. Spaziergänger mit Hunden sind in der Regel kein Problem, solange sie eindeutig zu identifizieren sind. Wenn unwissende Hundebesitzer ihren Vierbeiner aber hinter einem Busch am Wegrand parken, sehen viele Pferde rot. Denn was sie nicht klar erkennen können, ist für sie höchst beunruhigend.

Keine Angst

Ob beim Führen oder unter dem Sattel: Pferde orientieren sich an unseren Stimmungen. Hält die Bezugsperson die Luft an und fürchtet eine Fluchtreaktion, bestärkt sie das Pferd darin, dass das blaue Ding am Weidezaun gefährlich sein muss. Um dem Pferd Sicherheit zu geben, müssen wir selbst gelassen bleiben. Wenn es in Ruhe überlegen und sich von der Ungefährlichkeit des Flatterdings überzeugen darf, wird das Pferd mit der Zeit auch selbstbewusster und lässt sich weniger leicht aus der Fassung bringen.

WIND UND WETTER

Auch die Witterung hat großen Einfluss auf die Stimmung der Pferde. Ihre Wohlfühltemperatur ist deutlich niedriger als bei uns Menschen: Die meisten Pferde fühlen sich bei Lufttemperaturen um 10 Grad richtig gut, sie vertragen Kälte in der Regel deutlich besser als Hitze.

Regenwetter

Ab und zu ein Regenguss macht den meisten Pferden nichts aus. Sie stellen sich einfach mit dem Hinterteil zur Wetterrichtung, sodass der Kopf dem Regen abgewandt ist. Das Wasser läuft an ihrem Fell ab, und die Haut darunter bleibt trocken. Schüttet es aber länger, wird es auch Pferden unangenehm. Wenn sie zwischen freiem Himmel und einem schützenden Dach wählen können, stellen sie sich bei starkem Niederschlag fast immer unter.

Pferdedecken für Stall und Weide bieten einen Schutz vor Kälte, Regen und Schnee. Die meisten Pferde kommen ohne Decke gut klar. Eine Ausnahme sind Pferde, die in der kalten Jahreszeit geschoren werden, damit sie mit dem dicken Winterfell beim Training nicht zu stark schwitzen. Sie brauchen auf jeden Fall eine Decke als Ersatz für das schützende Fell.

Sommer, Sonne, Siesta

An heißen Sommertagen sind Pferde oft schlapp und nicht zu Höchstleistungen aufgelegt. Wenn man die Möglichkeit hat, sollte man sie tagsüber in den Stall holen und über Nacht auf die Weide lassen. Möchte man unbedingt reiten, sollte man das Training in die kühleren Morgen- oder Abendstunden legen.

Wind

Bei windigem Wetter sind viele Pferde kaum wiederzuerkennen. Wenn Äste knarzen, Zweige sich biegen und Blätter rascheln, geraten sie förmlich in Wallung. Vermutlich wirken neben den optischen Reizen auch die Geräusche des Windes aufputschend. Meist sind Pferde dabei eher aufgekratzt als ängstlich. Wer mit einem Pferd in Ruhe etwas unternehmen möchte, sollte das Vorhaben nicht gerade auf einen windigen Tag legen.

Schneevergnügen

Auch bei Kälte können Pferde ganz schön aufdrehen. Wer ein Pferd bei Neuschnee auf die Weide lässt, sollte sich auf einen Blitzstart gefasst machen. Oft können die Vierbeiner sich vor Begeisterung kaum entscheiden, ob sie zuerst herumtoben, sich wälzen oder mit den Hufen Löcher in den Schnee scharren sollen. In jedem Fall haben sie dabei Spaß!

KÖRPERPFLEGE

Die Pflege des eigenen Körpers wird in der Verhaltensbiologie auch als Komfortverhalten bezeichnet. Bei Pferden zählt ein breites Repertoire aus Wälzen, Schütteln, Scheuern, Kratzen und Knabbern dazu – all das sorgt immer für ein gesteigertes Wohlbefinden.

⬆ Wälzen

Fast alle Pferde wälzen sich gern auf dem Boden. Dabei massieren sie ihren Körper, lindern Juckreiz und reiben sich lose Haare aus dem Fell. Vor dem Wälzen prüfen sie den Untergrund, indem sie kleine Kreise drehen, am Boden schnuppern und mit den Vorderhufen scharren. Haben sie eine geeignete Stelle gefunden, winkeln sie zuerst die Vorder- und dann die Hinterbeine an und lassen sich vorsichtig auf eine Seite nieder. Die meisten Pferde rollen beim Wälzen über den Rücken von einer Körperseite auf die andere. Manche stehen aber auch zwischendurch auf und legen sich zur Massage der zweiten Körperseite wieder hin.

➡ Schütteln

Nach dem Wälzen befreien sich die Pferde von Staub und losem Fell, indem sie den ganzen Körper kräftig schütteln. Manche toben nach dem Wälzen in großen Bocksprüngen über die Weide. Wenn sich ein Pferd kurz hintereinander immer wieder wälzt, ohne sich danach zu schütteln oder loszubuckeln, kann das möglicherweise auf eine Kolik hindeuten.

➡ Scheuern

Wenn es irgendwo juckt, sind Pferde sehr erfinderisch. Sie nutzen Pfosten und Bäume, um sich gezielt an der nervigen Stelle zu kratzen. Manche schieben sich an Heuraufen oder Weidetränken heran, um Po oder Hinterbeine daran zu reiben. Wenn sich ein Pferd über längere Zeit immer wieder kratzt, können auch Hautkrankheiten oder Parasiten dahinterstecken.

⬅ Kratzen

Viele Körperstellen können Pferde auch ohne Hilfsmittel bearbeiten. Wenn es am Auge juckt, reiben sie den Kopf an einem Vorderbein. Zwickt es an der Flanke, nehmen sie den Hals weit nach hinten und beknabbern sich selbst. Und den Hals und hinteren Teil des Kopfes kann man prima mit dem Hinterhuf kratzen.

SCHLAFEN

Pferde haben nicht unseren Tag-Nacht-Rhythmus. Sie chillen oft stundenlang und schlafen öfter als wir, aber immer nur kurz. Für ein kleines Nickerchen zwischendurch müssen Pferde sich nicht einmal hinlegen. Einen richtigen Tiefschlaf gönnen sie sich nur, wenn sie sich sicher fühlen.

Dösen

Pferde können im Stehen dösen. Dabei winkeln sie meist ein Hinterbein an, halten den Hals waagerecht und klappen die Ohren zur Seite. Oft hängt die Unterlippe entspannt herunter, und die Augen sind halb geschlossen. Diese Körperhaltung hat den Vorteil, dass das Fluchttier Pferd im Ernstfall augenblicklich startklar ist, ohne sich erst aufrappeln zu müssen.

Seitenlage

Vor allem junge Pferde schlafen oft flach auf der Seite. In Gruppenhaltung kann man diese Schlafposition ebenfalls häufig beobachten. In eingespielten Gruppen verlässt sich jedes Mitglied darauf, dass die Artgenossen bei Gefahr rechtzeitig Alarm schlagen. Auch aus der Seitenlage kommen Pferde erstaunlich schnell auf die Beine.

Erwachsene Pferde brauchen innerhalb von 24 Stunden etwa drei bis fünf Stunden Schlaf, Fohlen deutlich mehr. Die einzelnen Schlafphasen dauern selten länger als 20 Minuten. Zusätzlich dösen ausgewachsene Pferde etwa drei Stunden täglich. Im Tiefschlaf können sie träumen: Wie bei uns Menschen zucken in der REM-Phase ihre Augen, und manchmal strampeln träumende Pferde sogar mit den Beinen.

Bauchlage

Pferde legen sich nur dann hin, wenn sie sich sicher fühlen. Sie ruhen mit angewinkelten Beinen und aufgestütztem Kopf auf dem Bauch. Aus dieser Haltung können sie blitzschnell aufspringen. Zum Aufstehen strecken Pferde beide Vorderbeine nach vorn aus und stemmen dann den restlichen Körper hoch. Das ist aus der Bauchlage jederzeit möglich.

Sonnenbad

An sonnigen Tagen halten Pferde gern Mittagsschlaf – am liebsten auf Stroh, Gras oder auf trockenem Naturboden. Im Matsch ruhen sich nur die wenigsten Pferde aus. Bei Gruppenhaltung müssen ausreichend Liegeplätze vorhanden sein, damit sich alle hinlegen können, ohne bedrängt zu werden.

HALTUNG

Welche Haltungsform am besten zu einem Pferd passt, findet man nur durch Beobachtung heraus. Die wichtigsten Merkmale einer artgerechten Haltung sind Kontakte zu Artgenossen, freie Bewegungsmöglichkeiten, frische Luft und viele über den Tag verteilte Futterportionen.

⬆ In der Gruppe

Die meisten Pferde fühlen sich in einer gut durchdachten Gruppenhaltung wohl. Ideal sind Laufställe mit direkt angrenzenden Auslaufflächen. Hier können sich die Pferde ganz nach Lust und Laune drinnen oder draußen aufhalten und haben ständig Kontakt zu Artgenossen. Allerdings ist eine Pferde-WG nicht für alle optimal. Manche finden im Gruppenlaufstall nicht genug Ruhe, andere werden von ihren Artgenossen sogar gemobbt. Eine gute Gruppenhaltung erkennt man daran, dass sich die Pferde jederzeit aus dem Weg gehen können, dass Neulinge sorgsam eingewöhnt und die Gruppen wohlüberlegt zusammengestellt werden, z. B. nach Geschlecht oder Alter. So entsteht kein Stress unter den Pferden.

Paddockboxen

Diese Unterbringung zählt zu den pferdefreundlichsten Formen der Einzelhaltung. Dabei hat jedes Pferd seine eigene Box mit direkt angrenzendem Paddock. Es kann also jederzeit selbst entscheiden, ob es sich drinnen oder draußen aufhalten möchte, und meist über den Zaun Kontakt zu seinen Nachbarn aufnehmen. Weil Einzelpaddocks oft nur wenige Quadratmeter groß sind, können Pferde ihren Bewegungsdrang hier aber nicht ausleben. Zusätzlicher freier Auslauf ist ein Muss.

Außenboxen

Solche Einzelboxen mit Blick nach draußen lassen die Pferde am Geschehen auf dem Hof teilhaben und versorgen sie mit natürlichem Licht und frischer Luft. Wenn die Trennwände den Kontakt zu den Nachbarn erlauben – umso besser! Rundum vergitterte Boxen schotten die Pferde dagegen zu stark von der Umgebung ab. Grundsätzlich braucht jedes Pferd täglich freien Auslauf zusammen mit Artgenossen, um seine Bedürfnisse nach Kontakt, Bewegung und Körperpflege zu befriedigen.

Auf der Weide

Weil das Gras auf unseren gedüngten Weiden viel mehr Energie enthält als karges Steppengras, müssen wir den Weidegang begrenzen. Nur wenige Pferde hören zu fressen auf, wenn sie satt sind. Die Folgen sind Wohlstandskrankheiten wie Übergewicht, Cushing und metabolisches Syndrom. Deshalb ist eine Kombination aus Weidegang und Aufenthalt auf einem Auslauf ohne Gras für die meisten Pferde gesünder als die 24-Stunden-Weide.

ANDERE TIERE

Wie Pferde anderen Tieren begegnen, hängt vor allem von ihrem Wesen ab. Neugierige Charaktere beschnuppern fremde Tiere und laufen ihnen auf der Weide sogar nach, während ängstliche Vertreter lieber einen großen Bogen um die Katze im Stall oder den Hasen im Gras machen.

Hunde: Freund oder Feind?

Weil es kaum einen Pferdehof ohne Hunde gibt, sind die allermeisten Pferde mit ihnen vertraut. Obwohl Hunde zu den Raubtieren zählen, haben Pferde oft freundschaftliche Beziehungen zu ihnen. Trotz ihrer sehr unterschiedlichen Körpersprache toben Pferd und Hund gern gemeinsam über die Weide oder chillen zusammen im Schatten. Wenn aber ein Hund plötzlich auf ein Pferd zuschießt, kann es erschrecken und blitzschnell austreten. Dieser Reflex wird durch die abrupte Bewegung ausgelöst, die das Pferd mit Angriff assoziiert. Da ein solcher Tritt für den Hund fatale Folgen haben kann, sollte man gut überlegen, ob man die ungleichen Partner miteinander spielen lässt.

Stallkatzen

Auch Katzen gibt es in fast jedem Stall. Manche leisten den Pferden sogar auf der Weide Gesellschaft. Im Vergleich zu Hunden gibt es bei Katzen und Pferden mehr Gemeinsamkeiten: Das Ohrenspiel und die Haltung von Schwanz bzw. Schweif haben ähnliche Bedeutungen. Außerdem stehen Katzen wie Pferde auf Körperkontakt, und sie scheinen auch den Geruch des anderen zu mögen. Oft sieht man sie aneinander schnuppern, und manchmal knabbert ein Pferd sogar zärtlich an einer Katze herum – was diese ganz nach Katzenart schnurrend genießt.

Ziegen und Schafe

Mit Ziegen und Schafen verstehen sich Pferde meist gut. Ziegen sind aber oft verspielt und können ruhigen Pferden mit ihrer Bewegungsfreude auf die Nerven gehen. Zählt das Pferd dagegen selbst zu den aktiven Typen, können die beiden gemeinsam viel Spaß haben. Schafe sind gemächlicher und haben wie Pferde ein ausgeprägtes Herdenverhalten. Sie passen daher gut zu eher ruhigen Pferden. Ziegen oder Schafe können einem Pferd vorübergehend Gesellschaft leisten, sind aber kein Ersatz für den Kontakt zu anderen Pferden.

Viele Pferde gruseln sich vor Kühen. Dabei spielen Erfahrungen aus der Vergangenheit eine wichtige Rolle. Hat ein Pferd schon auf einem Hof mit Kühen gelebt, begegnet es den Wiederkäuern in der Regel eher gelassen. Kommt ein Pferd dagegen nur ab und zu mal an einer Kuhweide vorbei, findet es die muhenden Vierbeiner vielleicht höchst beängstigend. Da hilft nur langsame Gewöhnung.

BLACK FOREST

PFERDE-SPRACHE

Pferde spüren jede Stimmung ihrer Artgenossen und reagieren augenblicklich darauf. Und sie haben ihre Launen. Von Unlust über Spiellaune bis hin zu Übermut ist alles dabei. Auch Unwohlsein und Erschöpfung können Pferde deutlich zeigen. Damit es nicht zu Missverständnissen kommt, müssen wir Menschen ihre verschiedenen Gemütslagen erkennen und deuten können. Dabei kommt es unter anderem auf die Haltung von Kopf und Schweif, den Ausdruck der Augen, die Ohrenstellung und die Maulpartie an.

PFERDEGESICHTER

Pferde haben eine ausdrucksstarke Mimik. Ihre Gesichter zeigen deutlich, wie sie sich gerade fühlen – und diese Stimmung erkennt jeder Artgenosse. Denn unabhängig von Rasse, Größe und Geschlecht haben alle Pferde die gleichen Ausdrucksweisen.

Lass mich in Ruhe

Der Schimmel auf diesem Bild ist nicht gut drauf. Die Ohren sind zurückgelegt, Maul und Kinn angespannt. Auch der gerade gehaltene Hals und der nach innen gekehrte Ausdruck der Augen deuten darauf hin, dass er in Ruhe gelassen werden möchte. Ob das Pferd missmutig oder krank ist, kann man zweifelsfrei nur durch weitere Beobachtung herausfinden.

Auf Empfang

Dieses Pferd schaut freundlich und aufmerksam. Die Ohren sind nach vorn gerichtet, die Nüstern geöffnet, das Maul ist entspannt. Die Kopfhaltung auf mittlerer Höhe signalisiert Interesse.

Fluchtbereit

Mit hohem Kopf und Schweif drückt dieser Araber höchste Alarmbereitschaft aus. Die Nüstern sind gebläht, die Ohren in unterschiedliche Richtungen gedreht, und in den weit aufgerissenen Augen sieht man das Weiße. In dieser Stimmung sind Pferde wie elektrisiert und kaum ansprechbar.

Aus dem Weg

Das dunklere Pferd zeigt eine unmissverständliche Drohgebärde. Mit tiefem Kopf, fest nach hinten gelegten Ohren und angespannter Maul- und Nüsternpartie gibt es dem Artgenossen zu verstehen, dass er hier verschwinden soll. Das angefeindete Pferd lässt sich auf keine Diskussion ein und weicht seitlich aus.

Entspannt

Dass diese Isländer entspannt dösen, erkennt man an der tiefen Kopfhaltung, den locker zur Seite oder nach hinten geklappten Ohren, der entspannten Maulpartie und den halbgeschlossenen Augen. Aber ein plötzliches Geräusch oder eine abrupte Bewegung reichen aus, um sie schlagartig hellwach zu machen.

MIMIK ERKENNEN

Jede Mimik übermittelt eine Botschaft. Wenn ein Pferd das Maul weit aufreißt, will es vielleicht nicht beißen, sondern muss einfach nur gähnen. Die meisten Gesichtsausdrücke sind gut erforscht, aber über die Bedeutung mancher Pferdemienen sind sich selbst Fachleute nicht einig.

⬆ Flehmen

So verarbeiten Pferde besonders intensive Gerüche: Beim Flehmen halten sie den Kopf annähernd waagerecht und ziehen die Oberlippe hoch. Die eingeatmete Luft gelangt dadurch zum Jacobsonschen Organ in der Nasenhöhle, mit dem Pferde auch die feinsten Nuancen von Gerüchen unterscheiden können. Männliche Pferde flehmen beispielsweise, wenn sie den Geruch einer paarungsbereiten Stute aufnehmen wollen.

Gähnen

Beim Gähnen verzieht das Pferd sein ganzes Gesicht. Es öffnet das Maul, zieht Oberlippe und Nüstern hoch und schließt die Augen. Wie wir Menschen gähnen auch Pferde, wenn ihnen langweilig ist oder wenn sie müde sind. Oft wirkt das Gähnen ansteckend, sodass ein Gruppenmitglied nach dem anderen genüsslich das Maul aufreißt.

Lecken und kauen

Wenn wir Menschen den Pferden knifflige Aufgaben stellen, kauen diese manchmal und lecken sich die Lippen, obwohl es gar nichts zu fressen gab. Dieses Verhalten tritt vor allem dann auf, wenn das Pferd vorher angespannt war. Das Kauen und Lecken zählt zu den Beschwichtigungsgesten und hat vermutlich eine ähnliche Funktion wie bei uns das Lächeln, mit dem wir Konfliktsituationen zu entschärfen versuchen. Manche Pferdetrainer interpretieren das Lecken und Kauen auch als Nachdenklichkeits- oder Unterwürfigkeitsgeste. Fohlen und Jungpferde zeigen das Kauen ohne Futter auch gegenüber älteren Pferden. Damit drücken die Pferdekinder aus, dass sie sich unterordnen und nicht auf Streit aus sind.

Manche Pferde schneiden seltsame Grimassen. Die einen lassen ihre Zunge aus dem Maul hängen, andere schieben die Oberlippe wie einen Rüssel nach vorn oder lassen die Unterlippe baumeln. Es gibt auch Pferde, die bei jeder Gelegenheit ihren Kopf irgendwo abstützen, z. B. auf Balken und Mauern. Vorsichtshalber sollte man tierärztlich abklären lassen, ob hinter solchen Marotten ein gesundheitliches Problem steckt. Oft ist es aber nur eine Angewohnheit, die das Pferd angenehm findet …

KÖRPERSPRACHE

Die Position von Hals und Kopf sagt schon viel über die Stimmung eines Pferdes aus. Auch am Schweif kann man ablesen, ob der Vierbeiner entspannt oder aufgeregt ist. Wichtig ist immer, alle Signale gemeinsam zu betrachten und in den Zusammenhang zu stellen.

Neugier

Die ganze Mimik zeigt hier, dass die rote Jacke dem Pferd nicht geheuer ist. Doch die Neugier ist stärker als die Skepsis, vielleicht ist ja auch ein Leckerli in der Tasche? Daher wird vorsichtig geschnuppert und das Objekt mit den Lippen und Tasthaaren untersucht.

Übermut

Nicht jedes Pferdeverhalten ist die Reaktion auf einen äußeren Reiz. Dieses Pferd hat einfach Spaß an der Bewegung und tobt ausgelassen über die Weide. Solche intrinsischen Verhaltensweisen zielen auf keinen Zweck ab, sondern werden um ihrer selbst willen ausgelebt.

Aufregung

Der hohe Kopf, die angespannte Körperhaltung und der fixierte Blick verraten, dass das Pferd etwas Aufregendes wahrgenommen hat. Es dreht seiner Führperson zwar noch ein Ohr zu, doch seine Konzentration ist auf etwas anderes gerichtet.

Entspannung

Mit tiefem Kopf können Pferde nicht weit sehen. Deshalb nehmen sie eine tiefe Kopf-Hals-Haltung wie hier beim Grasen nur dann ein, wenn sie sich sicher fühlen. Die Ohren sind entspannt und wackeln oft im Takt der Kaubewegungen. Der Schweif hängt locker runter oder pendelt regelmäßig hin und her, um Insekten zu vertreiben. Gelegentlich hört man ein zufriedenes Schnauben, während die Pferde im gemächlichen Schritt über die Weide ziehen.

Stress

Wenn Pferde gestresst sind, bauen sie die Spannung bevorzugt durch Bewegung ab. Der hohe und angespannte Hals dieses Pferdes verrät, dass es „unter Strom“ steht. Die Auslöser für Stress können vielfältig sein, z. B. eine ungewohnte Umgebung oder Umweltreize wie laute Maschinen. Auch wenn Pferde allein auf der Weide zurückgelassen werden, kann sie das stressen (siehe Seite 87).

DIE STIMME

Lautäußerungen spielen in der Kommunikation der Pferde eine eher untergeordnete Rolle. Als Fluchttiere vermeiden sie unnötigen Lärm, der möglichen Fressfeinden ihren Standort verraten könnte. Trotzdem setzen sie ihre Stimme gelegentlich ein.

Wiehern

Wenn ein Pferd laut wiehert, vermisst es einen Stall- oder Weidekumpel, oder es ruft wie dieses Fohlen nach seiner Mutter. Kehrt ein Pferd nach Abwesenheit in seine Gruppe zurück, wird es oft mit einem lautstarken Wiehern von allen Seiten begrüßt. Wie wir Menschen erkennen sich auch Pferde an der Stimme. Neben dem kraftvollen Wiehern, das weithin zu hören ist, drücken sie manchmal mit einem tiefen Brummeln ihre Freude aus – z. B., wenn es Futter gibt oder ihr Lieblingsmensch kommt.

Quietschen

Ein hohes Quietschen ist ein Anzeichen von Aufregung oder sexueller Erregung. Pferde quietschen vor allem bei engem Kontakt – z. B., wenn sie sich gegenseitig beschnuppern oder wenn ihnen ein Artgenosse zu dicht auf die Pelle rückt.

Schnorcheln

Wenn ein Pferd mit hocherhobenem Kopf und weiten Nüstern kurze Schnarchlaute ausstößt, drückt es damit höchste Erregung aus. Pferde machen ihre Artgenossen damit auf vermeintliche Gefahren aufmerksam. Manchmal ist das Schnorcheln auch zu hören, wenn Pferde übermütig über die Weide toben.

Brüllen

Laute Schreie sind bei Pferden selten. Wenn ein Pferd brüllt, ist es höchst aufgewühlt. Das passiert z. B., wenn zwei Pferde klären, wer den höheren Platz in der Rangordnung hat oder wenn eine Stute einen aufdringlichen Hengst abwehrt.

Beim Schnauben streckt das Pferd Hals und Kopf nach unten und atmet laut prustend aus. Ähnlich wie wir beim wohligen Seufzen drückt es damit Entspannung und Wohlbefinden aus. Pferde schnauben im Stall und auf der Weide, aber auch beim Training. Wenn ein Pferd beim Führen oder Reiten schnaubt, signalisiert es damit, dass es die gestellten Aufgaben gut bewältigen kann und mit der Situation zufrieden ist.

UNWOHLSEIN

In der Regel leiden Pferde lautlos, also ohne zu stöhnen oder zu schreien. Man kann nur an ihrem Verhalten und ihrem Gesichtsausdruck ablesen, dass sie sich nicht wohlfühlen. Wenn ein Pferd nicht fressen oder sich nicht bewegen möchte, weist das fast immer auf Stress oder Krankheit hin.

Unruhe

Wenn ein Pferd ständig mit dem Kopf oder Schweif schlägt, sich immer wieder zu seinem Bauch umsieht oder mit den Hinterbeinen sogar nach dem Bauch tritt, hat es vermutlich Bauchweh. Auch häufiges Wälzen deutet auf eine Kolik hin. Diese krampfartigen Bauchschmerzen sind bei Pferden immer ein Notfall und müssen sofort tierärztlich behandelt werden.

Schmerzgesicht

Ein trüber Gesichtsausdruck mit halb geöffneten Augen und Falten um Maul und Nüstern kann ebenfalls auf Schmerzen hindeuten. Atmet das Pferd außerdem schwer oder vermeidet es bestimmte Bewegungen, sollte man es vorsichtshalber untersuchen lassen.

Teilnahmslosigkeit

Auch Teilnahmslosigkeit ist ein Alarmzeichen. Wenn es einem Pferd nicht gut geht, steht es oft mit hängendem Kopf herum oder liegt gar schwer atmend auf dem Boden. Manchmal ist auf den ersten Blick allerdings kaum zu erkennen, ob der Vierbeiner krank oder einfach nur schlapp und müde ist. Im Zweifelsfall sollte man das Pferd sanft ansprechen, es streicheln und ihm etwas Futter anbieten. Rührt es das Futter nicht an oder verfällt danach gleich wieder in Apathie, stimmt etwas nicht!

Lahmen

Bei Schmerzen am Huf oder Bein entlastet das Pferd die erkrankte Gliedmaße. Am besten kann man das erkennen, wenn das Pferd im Schritt oder Trab geführt wird. Schwieriger sind Lahmheiten zu diagnostizieren, wenn mehrere Beine betroffen sind. Auch hier sollte im Zweifelsfall ein Tierarzt oder eine Tierärztin hinzugezogen werden.

PFERDE UNTER SICH

In fast jeder Pferdebeziehung nimmt eines der Tiere einen höheren Rang ein und das andere einen niedrigeren. In größeren Gruppen sind diese Beziehungen aber nicht hierarchisch aufgebaut, sondern eher wie ein Netzwerk. Die Rangordnung regelt das Zusammenleben der Pferde und vermittelt ihnen Sicherheit. Oft besetzen ältere und erfahrene Tiere die höheren Ränge. Von ihren Führungskompetenzen profitiert die ganze Gruppe, denn im Ernstfall folgen alle dem Verhalten der Leittiere.

GRUPPENDYNAMIK

Pferde sind friedliche Tiere und weichen dem Ranghöheren in der Regel höflich aus. Ist die Rangordnung einmal geklärt, wird sie meist nicht mehr infrage gestellt. Verlässt allerdings ein Pferd die Gruppe oder kommt ein neues dazu, können auch die bereits bestehenden Beziehungen noch einmal neu geregelt werden.

Weg da

Mit angelegten Ohren und einem Schlenkern von Hals und Kopf schickt dieser Fuchs den Braunen weg. Dieser versteht sofort und weicht aus. In einer Pferdegruppe spart sich das ranghöhere Tier den Umweg um Kollegen, die im Rang unter ihm stehen. Diese haben den Weg freizumachen, und zwar zügig.

Bevor ein Pferd nach einem anderen tritt oder beißt, schickt es in der Regel eine Warnung. Reagiert der rangniedrige Artgenosse darauf nicht, folgt die nächste Stufe: Das ranghöhere Tier schnappt in die Luft oder dreht seinem Gegenüber drohend das Hinterteil zu. In einer eingespielten Gruppe weicht das rangniedrige Pferd spätestens jetzt aus. Tut es das nicht, kann das ranghöhere Tier deutlich reagieren und mit aufgerissenem Maul auf den ignoranten Artgenossen zuschießen oder mit den Hinterhufen ausschlagen.

Alle zusammen

Stimmungen werden in einer Pferdegruppe blitzschnell weitergegeben, Alarm ebenso wie Lauffreude. Hier grasen die Pferde noch friedlich, aber sobald eine Störung auftritt, ist es damit vorbei.

Funkwellen

Ein Geräusch oder eine plötzliche Bewegung lässt die Pferde aufhorchen. Alle heben den Kopf. Jetzt kommt es drauf an: Gibt das ranghöchste Tier Entwarnung und frisst weiter, entspannen sich auch die anderen wieder. Entscheidet sich der Herdenchef oder die Herdenchefin dagegen für Flucht, folgen alle diesem Entschluss.

Ab durch die Mitte

Nicht jeder Gruppengalopp wird durch Erschrecken ausgelöst. Oft rennen Pferde vor Freude herum, z. B. wenn sie gerade auf die Weide gelassen wurden. Obwohl das frische Gras lockt, drehen sie dann erst viele Runden, fetzen im Galopp hin und her, schnorcheln laut und heben den Schweif an. Dabei können sie in einen regelrechten Laufrausch geraten, einfach nur aus Spaß.

PFERDE-KNIGGE

Wenn ein ranghohes Pferd einen Herdenkollegen in die Schranken weist, geht es ihm nicht um Schikane oder Dominanz. Der Ranghöhere sorgt einfach nur für sich. Stört ein Herdenmitglied das Wohlbefinden eines anderen, wird die Angelegenheit sofort geklärt. Dann kehrt wieder Ruhe ein.

⬆ Nähe und Distanz

Jedes Pferd hat um sich einen Raum, den es ungern teilt. Dringt jemand in diesen Raum ein, versucht das Pferd, die Individualdistanz wiederherzustellen. Hat es einen höheren Rang als der Eindringling, so verschafft es sich den nötigen Respekt, indem es diesen wegschickt. Steht das bedrängte Pferd in der Hierarchie weiter unten, entfernt es sich selbst ein Stück.

Der Reihe nach

Ranghöhere Pferde haben das Vorrecht, zuerst zu trinken und zu fressen. Wenn ihnen danach ist, schicken sie ihre Artgenossen unmissverständlich weg. Für die rangniedrigen Tiere ist es völlig selbstverständlich, der Aufforderung umgehend nachzukommen. Haben die Pferde ständig Zugang zu Wasser und Futter, trinken und fressen oft auch Tiere mit unterschiedlichem Rang friedlich nebeneinander. Die Entscheidung darüber trifft aber immer das ranghöchste Pferd.

Folgen

Für Pferde ist es von klein auf natürlich, ihren Artgenossen zu folgen. Fohlen laufen ihren Müttern nach, und auch erwachsene Pferde bewegen sich oft im Gänsemarsch über die Weide. In der Regel geht der Impuls vom ranghöheren Tier aus, während sich die Pferde mit niedrigerem Rang dahinter einreihen. Anders ist es, wenn sich ein ranghohes Pferd vor etwas fürchtet. Dann kommt es vor, dass es einen rangniederen Kollegen vorschickt. Wenn dieser die Gefahrenstelle gemeistert hat, folgt das ranghohe Pferd. Auch das ist eine kluge Überlebensstrategie.

Im Stall oder Auslauf zetteln Pferde manchmal aus Langeweile Streit an. Mit einer schützenden Trennwand oder einem Zaun dazwischen provozieren sie ihre ranghöheren Kollegen z. B. durch Zwicken und haben sichtlich Freude daran, sich rechtzeitig außer Reichweite zu bringen, bevor das ranghöhere Pferd sie erwischt.

NEUE BEKANNTSCHAFTEN

Wenn sich fremde Pferde begegnen, nähern sie sich meist vorsichtig an. Nicht nur Hormone und Instinkte entscheiden, wie es weitergeht. Je nach Persönlichkeit, Ausstrahlung und Lebenserfahrung gibt es auch unter Pferden Sympathien und Antipathien. Manchmal spielen dabei die Größe und das Geschlecht eine Rolle.

Wer bist du denn?

Pferde interessieren sich weniger für das Aussehen ihres Gegenübers als für den Geruch. Nüster an Nüster beschnuppern sie sich und finden dabei unter anderem heraus, welches Geschlecht und welchen Rang der andere hat. Am individuellen Eigengeruch erkennen die Pferde sich auch später wieder.

Raum fordern

Die nächste Stufe des Kennenlernens ist oft ein lautes Quietschen. Dabei schleudern die Pferde die Vorderbeine nach vorn heraus und stampfen auf den Boden. Damit drücken sie einerseits ihre Aufregung aus und fordern andererseits den Raum vor sich ein. Hier zeigt sich oft schon eine erste Tendenz hinsichtlich der Rangordnung: Wer weicht der Bewegung des anderen zuerst aus, und wen lässt das Verhalten seines Gegenübers kalt?

Immer im Blick

Nach einer kurzen Phase des Quietschens und Stampfens entfernen sich die Pferde oft ein Stück voneinander, behalten sich aber genau im Blick. Meist folgt nach einer Pause die nächste Annäherung, und die Pferde beschnuppern sich erneut.

Schutzinstinkte

Nach Durchlaufen der Kennenlern-Rituale ist die Rangfolge meist rasch geklärt. Wird ein neues Pferd in eine bestehende Gruppe integriert, so hält das Leittier den Neuling anfangs von seinen Schützlingen fern. Der Schimmel auf dem Foto schirmt die Gruppe gegen den Braunen rechts im Bild ab. Es kann manchmal einige Wochen dauern, bis ein Neuzugang wirklich in die Herde aufgenommen ist. Aber auch während dieser Phase halten die Pferde im Notfall zusammen und flüchten alle gemeinsam vor Gefahren.

FREUNDE

Die Sympathie zwischen zwei Pferden bleibt meist lebenslang bestehen. Pferdefreunde behalten sich in Erinnerung: Auch nach jahrelanger Trennung erkennen sie sich sofort wieder. Oft löst schon das Wiehern eines lange nicht gesehenen Kumpels eine begeisterte Antwort aus.

Nähe

Wenn Pferde trotz vorhandener Ausweichfläche kaum Abstand halten, ist das ein deutliches Zeichen von Sympathie. Befreundete Tiere müssen die Individualdistanz nicht wahren. Im Sommer stellen sich Pferdefreunde oft Kopf an Schweif nebeneinander, sodass jeder dem anderen die Insekten aus dem Gesicht wedeln kann.

Kabbeleien

Nicht nur junge Pferde zanken gern. Unter den erwachsenen Tieren haben vor allem Hengste und Wallache Spaß daran. Dabei zwicken sie sich in Hals oder Gesicht, Flanke oder Hinterteil. Auf der Weide oder im Auslauf vertreiben sich Pferde manchmal die Zeit, indem sie ihren Artgenossen die Pferdedecke oder das Halfter ausziehen.

Fellpflege

Befreundete Pferde beknabbern sich oft gegenseitig mit den Lippen und Zähnen. Das hilft gegen Juckreiz und festigt die Beziehung, weil jeder dem anderen etwas Gutes tut. Durch Positionieren des eigenen Körpers oder durch Kraulen bestimmter Körperstellen beim Partner teilen die Pferde sich mit, wo sie beknabbert werden möchten.

Gleich und gleich

Obwohl es auch Freundschaften unter sehr ungleichen Pferden gibt, bilden sich in größeren Herden oft Untergruppen aus Tieren mit ähnlicher Farbe. Möglicherweise legt die Fellfarbe der Mutterstute den Grundstein für spätere Vorlieben.

STREIT

Ernsthafte Kämpfe sind selten unter Pferden. Zu Auseinandersetzungen kommt es vor allem dann, wenn ein neues Pferd zu einer Gruppe stößt oder wenn sich ein Herdenmitglied von einem anderen bedrängt fühlt. In der Natur kämpfen gelegentlich auch rivalisierende Hengste.

Vorwarnen

Das vordere Pferd fühlt sich bedrängt, bremst ab und hebt den Hintern. Um seinen Verfolger deutlich abzuweisen, könnte es mit den Hinterbeinen viel weiter ausholen. Stattdessen zeigt es als Vorwarnung eine eher passive Abwehr. Sollte sich der Verfolger davon nicht beeindrucken lassen, kann die Aktion deutlicher werden.

Beißen

Pferde beißen manchmal zu, wenn ein rangniedriger Kollege nicht schnell genug auf eine Drohung reagiert. Auch wenn ein Pferd sich in die Enge gedrängt fühlt, versucht es sich mitunter durch einen Biss zu verteidigen. Manche Pferde beißen auch, um ihr Unbehagen auszudrücken, z. B. beim Anziehen des Sattelgurts.

Rangeln

Vor allem männliche Pferde versuchen sich bei Rangeleien, aber auch bei ernsthaften Kämpfen, gegenseitig in die empfindlichen Vorderbeine zu beißen. Dabei lassen sie sich manchmal auf den Vorderbeinen nieder, um den Bissen des Rivalen auszuweichen und diesen besser erwischen zu können.

Steigen

Wenn sich ein Pferd auf den Hinterbeinen aufrichtet, macht es sich optisch größer. So kann es andere beeindrucken, einschüchtern und auf Abstand halten. Außerdem können die Vorderbeine und Zähne aus dieser Position heraus als Waffe eingesetzt werden. Das Steigen gehört bei männlichen Pferden zum Spiel- und Imponierverhalten. In freier Wildbahn steigen Hengste manchmal auch, um ihre Rangordnung zu klären.

PAARUNG

Die meisten Stuten werden in der warmen Jahreszeit etwa alle drei bis vier Wochen rossig. Nur während der Rosse kann eine Eizelle befruchtet werden, meist lassen die Stuten auch nur dann einen Hengst an sich heran. Die Hengste wiederum wissen genau, wie sie den Hormonhaushalt der Stuten ankurbeln können.

← Imponierverhalten

Das Imponierverhalten zielt darauf ab, paarungsbereite Stuten zu beeindrucken. Mit hoch aufgerichtetem Hals, geblähten Nüstern und wehendem Schweif wird demonstriert, wie toll man ist. Dieses Verhalten kann manchmal auch bei kastrierten Wallachen beobachtet werden. Wie alle hormongesteuerten Aktivitäten ist aber auch das Imponierverhalten bei Wallachen in der Regel abgeschwächt.

Die weltweit etwa 300 Pferderassen sind durch gezielte Auswahl von Elterntieren mit bestimmten Merkmalen entstanden. Auch die natürlichen Bedingungen in der jeweiligen Region haben die verschiedenen Pferdetypen geprägt. So stammen z. B. die zierlichen Araber mit ihrem dünnen Fell aus einer heißen Wüstengegend, die robusten Isländer mit ihrem dichten Pelz aus dem kühlen Norden. Für jede Rasse sind auch bestimmte Wesenszüge typisch: So gelten z. B. Araber als besonders sensibel.

Falscher Zeitpunkt

Bei Isländern ist bis heute der sogenannte Natursprung üblich, also die freie Paarung auf der Weide. Ist die Stute noch nicht paarungsbereit, weist sie den Hengst deutlich ab. Er darf zwar an ihr schnuppern und sie manchmal auch beknabbern, aber noch nicht aufspringen. Das lassen die meisten Stuten erst zum Zeitpunkt des Eisprungs zu. Davor muss sich der Hengst vor den Hinterhufen der Stute in Acht nehmen.

Decken

Beim eigentlichen Deckakt springt der Hengst mit den Vorderbeinen auf den Rücken der Stute. Wenn die Stute es zulässt, deckt der Hengst sie während der sogenannten Hochrosse mehrmals am Tag. In der modernen Pferdezucht dürfen sich die Tiere nur noch selten frei paaren. Stattdessen sind die Bedeckung an der Hand oder die künstliche Besamung üblich. Bei der Besamung werden die Spermien des Hengstes in einem Behälter aufgefangen, in kleinen Portionen tiefgekühlt und den Stuten zum gewünschten Zeitpunkt in die Gebärmutter gespritzt.

FOHLEN

Die Trächtigkeit dauert bei Pferden etwa elf Monate. In der Regel bringen Pferdestuten ein einzelnes Fohlen zur Welt. Die meisten Geburten finden nachts statt. Wenn alles glattgeht, dauert es etwa eine halbe Stunde.

Willkommen

Kurz vor der Geburt schwillt das Euter der Stute an, an den Zitzen bilden sich honigfarbene Tröpfchen, die sogenannten Harztropfen. Die Stute wird unruhig, geht herum oder dreht sich im Kreis. Spätestens beim Einsetzen der Presswehen legt sie sich hin. Im Verlauf der Geburt erscheinen nacheinander die Vorderhufe, der Kopf und zuletzt der restliche Körper des Fohlens. Nach der Geburt leckt die Stute das Fohlen ab und legt damit den Grundstein für die Prägung, die das Pferdekind an die Mutter bindet. Dann ist es für das Kleine an der Zeit, aufzustehen. Gesunde Fohlen sind meist schon eine halbe Stunde nach ihrer Geburt auf den Beinen. Und das aus gutem Grund, denn in der Natur muss das Neugeborene von Anfang an in der Lage sein, mit seiner Mutter und dem Rest der Herde zu flüchten.

Erste Nahrung

Die nächste Herausforderung für das Fohlen besteht darin, das Euter zu finden. Meist hilft die Mutter nach, indem sie sich dreht oder ihr Kleines sanft in die richtige Richtung schubst. Die erste Milch heißt auch Kolostralmilch und enthält wichtige Abwehrstoffe, die das Fohlen selbst nicht bilden kann. Deshalb ist es für das Überleben des Fohlens entscheidend, diese Milch innerhalb der ersten 24 Stunden aufzunehmen. Gibt es hier Probleme, braucht das Neugeborene schnellstmöglich tiefgekühlte Kolostralmilch oder ein entsprechendes Fertigprodukt.

Familienbande

Die Bindung zwischen Fohlen und Mutter ist in den ersten Lebensmonaten so stark, dass das Kleine der Stute überallhin folgt. Umgekehrt warnt die Mutter ihr Fohlen vor Gefahren und hält ihm übergriffige Zweibeiner ebenso wie aufdringliche Herdenmitglieder vom Leib.

LERNEN

Junge Pferde brauchen möglichst viel Bewegung an der frischen Luft und die Gesellschaft Gleichaltriger zum Spielen und Kräftemessen. Etwa im Alter von sechs Monaten kann man die Fohlen von der Muttermilch entwöhnen. Jetzt werden ihre Kontakte vielfältiger.

Von den Großen lernen

Am besten sind Fohlen in einer gemischten Gruppe aus jungen und erfahrenen Pferden aufgehoben, in der sie von klein auf die Regeln des Zusammenlebens kennenlernen. Sie schauen sich das Verhalten der Großen genau ab, werden von diesen auch mal in die Schranken verwiesen und lernen so ganz selbstverständlich, sich ein- und unterzuordnen.

Kräftemessen

Während die Mütter friedlich grasen, ist der Nachwuchs in Rauflaune. Dabei nutzen die Kleinen das gesamte Repertoire des Spielverhaltens von Zwicken, Stampfen, Quietschen und Steigen bis hin zu wilden Rennereien. Die Aktivitätsphasen werden von Zwischenstopps an Mamas Euter und kurzen Schlafpausen unterbrochen. Danach kann es weitergehen!

Nach der Entwöhnung von der Muttermilch werden die Fohlen meist nach Geschlechtern getrennt aufgezogen, weil junge Hengste oft schon früh das Paarungsverhalten erproben und dabei ganz schön rabiat werden können. Außerdem weiß man nie genau, ab wann sie zeugungsfähig sind. Um Verletzungen und ungewollte Trächtigkeiten zu vermeiden, gibt es in größeren Aufzuchtbetrieben deshalb fast immer separate Gruppen für Stuten und Hengste.

Narrenfreiheit

Meist üben sich die älteren Pferde in Nachsicht, wenn ein Fohlen mal über die Stränge schlägt und z. B. einen Senior zwickt. Sie ahnden solche Übergriffe dann oft nur mit einem Ohrenanlegen. Ein erwachsener Kollege bekäme bei ähnlich respektlosem Verhalten sehr viel mehr Ärger. Gerade weil der Spieltrieb bei jungen Pferden so ausgeprägt ist, brauchen sie unbedingt die Gesellschaft Gleichaltriger. Viele erwachsene Pferde spielen zwar auch gern, wollen aber bald wieder ihre Ruhe haben.

Entwicklung

Auch wenn viele Pferde mit drei Jahren schon erwachsen aussehen, sind sie erst im Alter von etwa sieben Jahren ausgewachsen. Für eine gesunde Entwicklung brauchen sie nach der Entwöhnung von der Muttermilch gutes Futter und vielseitige Bewegungsanreize. Im Alter von fünf Jahren haben sie auch die letzten Milchzähne verloren und ihr bleibendes Gebiss entwickelt, das sie bis ins Alter behalten.

IM ALTER

Die meisten Pferde sind etwa zwischen dem 10. und 15. Lebensjahr am leistungsfähigsten. Bei gutem Training und ausgewogener Fütterung bleiben viele bis über den 20. Geburtstag hinaus fit. Vor allem Ponys können weit über 30 Jahre alt werden.

Veränderungen

Durch den Abbau der Muskulatur bildet sich bei älteren Pferden oft ein Senkrücken. Die Rippen treten deutlicher hervor, Hals und Hinterhand wirken eingefallen. Weil betagte Pferde häufig unter Verschleißerscheinungen wie z. B. Arthrose leiden, erscheinen ihre Bewegungen steifer. Gleichzeitig lassen auch die Sinnesleistungen nach, sodass sie weniger gut hören und sehen als in jüngeren Jahren.

Graue Haare

Wie bei uns Menschen werden bei älteren Pferden die Haare grau. Meist ergraut die Stirn zuerst, gefolgt vom restlichen Kopf und Körper. Oft funktioniert der Fellwechsel nicht mehr gut, sodass alte Pferde bis weit in den Sommer hinein Reste des Winterfells tragen. Andererseits frieren alte Pferde leichter, sie brauchen im Winter daher häufig eine Decke.

Wer rastet, der rostet?

Leichte Bewegung tut dem Lauftier Pferd auch im Alter gut. Regelmäßige Spaziergänge sind für alte Pferde eine willkommene Abwechslung und halten den Kreislauf und Bewegungsapparat in Schwung. Was sonst noch geht, hängt vom Gesundheitszustand und Wesen des Seniors ab. Manche haben Spaß am Üben kleiner Kunststücke, andere wollen lieber ihre Ruhe.

Senioren-WG

Am besten ist ein Senior in einer ruhigen Pferde-WG aufgehoben. Aber Achtung: Mit dem Schwinden der Körperkraft verändert sich oft auch das Verhalten. Manche Pferde können sich kaum noch gegen ihre Herdenkollegen durchsetzen, andere werden aggressiv und schikanieren ihre Artgenossen. In solchen Fällen hilft nur eine neue Zusammenstellung der Gruppe. Viele alte Pferde kommen in Zweiergruppen mit einem vierbeinigen Freund am besten klar.

Mit zunehmendem Alter verliert auch das Gebiss der Pferde an Widerstandskraft. Wenn Zähne abbrechen oder ausfallen, erschwert das die Nahrungsaufnahme. Deshalb muss das Gebiss älterer Pferde regelmäßig von einer Fachkraft kontrolliert werden. Können Pferdesenioren ihr Heu nicht mehr richtig kauen, sind eingeweichte Heucobs und andere Futterarten in Breiform eine gute Alternative.

PFERD UND MENSCH

Als soziale Tiere sind Pferde anpassungsfähig und stimmen ihr Verhalten blitzschnell aufeinander ab. Sie deuten auch unsere Ausstrahlung und reagieren darauf. Knifflig wird das dadurch, dass wir uns unserer Körperspannung und Mimik nicht immer bewusst sind. Je klarer wir unsere Körpersprache einsetzen, desto einfacher wird der Umgang mit Pferden. Umgekehrt gilt: Wenn es Probleme gibt, wurde das Pferd vielleicht durch unklare Signale oder inkonsequente Behandlung verunsichert.

FREUNDSCHAFT ODER DOMINANZ?

Weil Pferde uns kräftemäßig überlegen sind, müssen wir sie im direkten Kontakt jederzeit kontrollieren können. Aber wie klappt das am besten? Wichtig ist: Das Pferd muss den Menschen respektieren.

Wer bewegt wen?

Eine der wichtigsten Regeln im Zusammenleben der Pferde besagt, dass der Ranghöhere den Rangniedrigeren bewegt und nicht umgekehrt. Deshalb sollten auch wir Menschen freundlich, aber bestimmt den Respekt des Pferdes einfordern. Dazu gehört es, nicht auszuweichen, wenn ein Pferd in unsere Richtung drängelt. Stattdessen schicken wir das Pferd besser von uns weg, indem wir uns z. B. durch Heben der Arme großmachen, auf das Pferd zugehen und den Raum vor uns beanspruchen. So würde sich ein ranghohes Pferd verhalten.

Woran erkennt man eine souveräne Führungskraft? Sie gibt klare Leitlinien und Ziele vor, die für alle gelten. Innerhalb dieses Rahmens gesteht sie den Mitarbeitenden persönliche Besonderheiten zu. Ganz ähnlich können wir auch die Stärken der Pferde klug für uns nutzen, statt auf ihren Schwächen herumzureiten.

Chef oder Freund?

Muss man im Umgang mit Pferden ständig den Herdenchef herauskehren? Nein, Pferd und Mensch können durchaus auch Spaß zusammen haben. Viele Pferde möchten ihrer Bezugsperson gefallen. Oft lernen sie zufällig, was den Menschen amüsiert – z. B. wenn sie sich mit den Zähnen sein Käppi schnappen. Die positive Reaktion ist für sie der Ansporn, das Verhalten immer wieder zu zeigen. Mit einem Lob im richtigen Augenblick kann man Pferden gezielt solche kleinen Kunststücke beibringen.

Lustig oder lästig?

Vielleicht finden Sie es nicht schlimm oder sogar witzig, wenn sich ein Pferd an Ihnen reibt oder Sie anschubst. Aber wie würde sich ein ranghohes Pferd verhalten? Es würde den aufdringlichen Artgenossen unmissverständlich in die Schranken weisen! Wenn das Pferd Ihnen also unbehelligt auf die Pelle rücken darf, vermitteln Sie ihm, dass es Sie nicht ernst nehmen muss. Schieben Sie seinen Kopf stattdessen energisch von sich weg und bleiben Sie dabei konsequent.

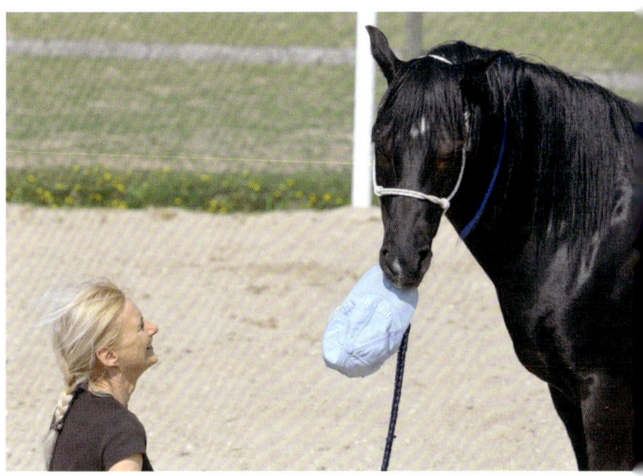

HALLO PFERD

Wie wir Menschen hat auch jedes Pferd eine Zone um sich, in der es ungestört sein möchte. Bevor wir in diesen Individualbereich eindringen, sollten wir höflich anfragen und das Pferd nicht einfach „überfallen". So beginnt die gemeinsame Zeit als Dialog.

Begrüßung

Nähern Sie sich Ihrem Pferd langsam von schräg vorne, sodass es Sie gut sehen kann. Sprechen Sie das Pferd freundlich an, und strecken Sie ihm die Hände entgegen. Es darf an der Handfläche oder den Fingerknöcheln schnuppern, bis es durch Senken des Kopfes oder Schnauben signalisiert, dass es sich Ihnen anschließen möchte. Zurückhaltenden Pferden können Sie zusätzlich einen kleinen Leckerbissen anbieten.

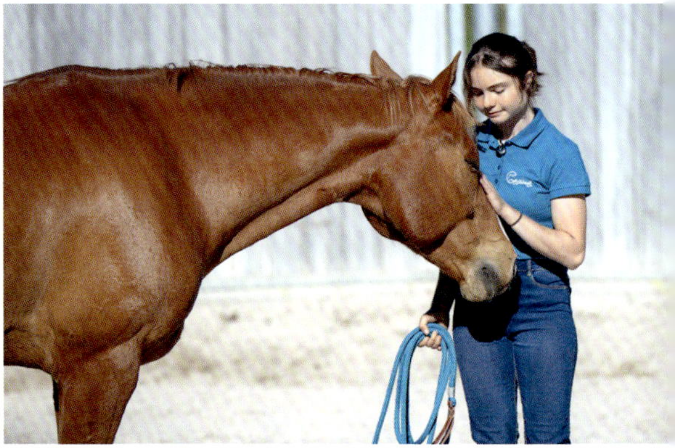

Kontaktaufnahme

Wenn das Pferd dazu bereit ist, können Sie es zur Begrüßung auch am Kopf oder Hals streicheln – je nachdem, wo es sich gern berühren lässt. Mit diesem Körperkontakt zeigen Sie ihm, dass Sie freundliche Absichten haben und ihm etwas Gutes tun möchten.

Halfter anlegen

Vergessen Sie auch beim Anlegen und Schließen des Halfters nicht, wie sensibel Pferde sind. Achten Sie darauf, mit dem Halfter weder die Augen zu streifen noch die Ohren zu quetschen. Wenn das Pferd plötzlich den Kopf hochreißt, waren Sie wahrscheinlich zu grob oder zu eilig. Lassen Sie ihm dann Zeit, bis es den Kopf wieder senkt, und beginnen Sie in Ruhe von vorn.

Interessenkonflikte

Wenn Sie ein Pferd aus einer Gruppe holen möchten, müssen Sie besonders achtsam sein. Für rangniedrige Pferde können stressige Situationen entstehen, wenn sie z. B. von einem ranghöheren Pferd bedrängt werden, während ihr Mensch sie zum Weidetor führt. Deshalb sollten Sie neben dem Vierbeiner, den Sie holen möchten, auch die anderen im Auge behalten. Denn was soll das Pferd von Ihren Führungsqualitäten halten, wenn Sie nicht mitbekommen, dass ein Gruppenmitglied es bedroht? Ganz abgesehen davon kann so ein Interessenkonflikt auch für Sie gefährlich werden.

Auch aus Sicherheitsgründen empfiehlt sich eine vorsichtige Annäherung an das Pferd. So ist sichergestellt, dass wir es nicht erschrecken. Pferde sind friedliche Zeitgenossen, aber auf einen Schreck reagieren sie reflexartig mit Weglaufen oder, wenn das nicht möglich ist, mit einem Tritt. Das können wir vermeiden, indem wir uns rechtzeitig bemerkbar machen.

LOS GEHT'S

Für den sicheren Umgang mit Pferden müssen Sie vor allem wissen, wie die Vierbeiner ticken. Mit entsprechender Voraussicht und der richtigen Ausrüstung können Sie in die Pferdepraxis starten.

Klare Ansagen

Auch wenn Pferde sich untereinander mit minimalen Signalen verständigen können, dürfen wir Menschen etwas deutlicher werden. Wobei „deutlich" nicht mit „grob" zu verwechseln ist. Aber wenn Ihr Vierbeiner z. B. ignoriert, dass Sie sich durch Straffen der Schultern größer machen und ihm den Weg abschneiden, dann heben Sie zusätzlich die Hand, um ihn zu stoppen. Hat das Pferd einmal begriffen, was Sie wollen, können Sie wieder mit feineren Signalen kommunizieren. Je klarer Ihre Körpersprache ist, desto besser kann das Pferd Sie verstehen.

Richtig anbinden

Man kann Pferde mit einem einzelnen Strick anbinden wie auf diesem Bild oder z. B. in der Stallgasse mit je einem Strick links und rechts. Der Strick sollte immer so hoch angebracht werden, dass das Pferd einerseits den Kopf nicht darunternehmen und andererseits mit den Hufen nicht darübertreten kann.

Unfälle vermeiden

Auf den ersten Blick klingt es unlogisch, aber tatsächlich sollte man Pferde immer so anbinden, dass sich die Befestigung leicht lösen lässt. Gerät ein angebundenes Pferd in Panik, kann es sich selbst und andere verletzen. Es ist besser, den Strick schnell loszumachen, bevor das Pferd das Halfter zerfetzt oder den Anbindering aus der Verankerung reißt. Deshalb ist der Anbindestrick auf der Halfterseite mit einem sogenannten Panikhaken ausgestattet, der sich auch unter Zug öffnen lässt. Am Anbindering bildet man aus mehreren Schlaufen einen Sicherheitsknoten, den man mit einem Ruck am freien Strickende ebenfalls sofort lösen kann.

SICHERHEIT

Trotz aller Voraussicht können wir das Verhalten unserer Pferde nicht immer absehen. Zufälle wie ein plötzliches Geräusch oder ein unangenehmer Geruch können schon ausreichen, um ein Pferd aus dem Konzept zu bringen. Beachten wir einige Sicherheitsregeln, können wir uns und den Vierbeiner vor Verletzungen schützen.

Kleidung

Im Umgang mit Pferden sind feste Schuhe und griffige Handschuhe ein Muss. Pferde können bei normaler Kopfhaltung nicht sehen, ob ein Menschenfuß vor ihren Vorderhufen steht. Entsprechend leicht kann es passieren, dass Ihnen ein 700-Kilo-Koloss auf die Zehen tritt. In diesem Fall schützen stabile Schuhe wenigstens vor schlimmeren Verletzungen. Die Hände sind vor allem beim Führen und Longieren gefährdet. Wenn das Pferd erschrickt und Ihnen mit einem Ruck den Strick aus der Hand zieht, kann das die Haut ohne Handschuhe schlimm verletzen. Für Handschuhe spricht auch, dass man das Pferd damit besser im Griff hat.

Führen

Beim Führen lauert noch eine weitere Gefahr, nämlich das freie Ende des Führstricks. Wickelt man sich den Strick um die Hand, können sich die Schlaufen bei einer Schreckreaktion des Pferdes ruckartig zuziehen. Im schlimmsten Fall bekommt man die Hand nicht mehr heraus und wird vom Pferd mitgeschleift. Solche Unfälle können Sie ganz einfach vermeiden, indem Sie das Strickende von außen umfassen, statt es um Ihre Hand zu legen.

Verantwortung

Aus Sicht des Menschen ist zwischen den beiden landwirtschaftlichen Anhängern genug Platz, sodass Pferd und Führperson locker hindurchpassen. Doch auf das Fluchttier Pferd können sowohl die Fahrzeuge als auch der schmale Durchgang beängstigend wirken.

Bestehen Sie auf einer Aufgabe, dann übernehmen Sie auch die Verantwortung dafür, dass nichts passieren wird. Sollte also doch etwas schiefgehen, werden Sie das Vertrauen des Pferdes danach unter Umständen wieder neu gewinnen müssen.

Zum vorausschauenden Umgang mit Pferden gehört es auch, neue und vielleicht schwierige Aufgaben nie unter Zeitdruck anzugehen. Denn falls es nicht auf Anhieb klappen sollte, müssen Sie das Vorhaben womöglich abbrechen. Dabei lernt das Pferd, dass nicht unbedingt geschehen muss, was Sie von ihm möchten. Das kann den nächsten Anlauf deutlich schwieriger machen.

FÜHREN

Es gibt es verschiedene Ansichten darüber, welche Rolle der Mensch gegenüber dem Pferd einnehmen sollte. Entsprechend unterschiedlich sind die Positionen, die für das Führen empfohlen werden.

Wer dominant auftreten möchte, imitiert das Verhalten eines ranghöheren Pferdes, indem er den Vierbeiner von sich wegschickt bzw. vor sich hertreibt. Von Natur aus verstehen alle Pferde diese Aufforderung über die Körpersprache.

Vorangehen

Wer das Pferd als Partner ansieht, lässt es meist folgen. Begründung: Pferde schließen sich einem vertrauenswürdigen Artgenossen gern an. Diese Verhaltensweise kommt im natürlichen Zusammenleben vor und wird von den Pferden daher genauso verstanden wie das Weichen.

Schulterposition

Nach den offiziellen Regeln der Deutschen Reiterlichen Vereinigung (FN) sollte man sich beim Führen etwas vor der Pferdeschulter positionieren, wie auf diesem Bild. Korrekterweise befindet sich der Mensch beim Führen auf der linken Seite des Pferdes. Im Alltag können Sie Ihr Pferd aber genauso gut von rechts führen. Es wirkt sich sogar günstig auf die Geschicklichkeit von Mensch und Pferd aus, wenn man ab und zu die Seite wechselt.

Kräftemessen

Wenn ein Pferd beim Führen grasen möchte, darf man ihm das nicht erlauben. Im ersten Impuls ziehen wir dann oft mit Kraft am Strick – ohne Erfolg, denn selbst ein kleines Pferd ist viel stärker als ein Mensch. Außerdem macht der Einsatz von Kraft die Sache noch schlimmer: Bei Pferden erzeugt Druck Gegendruck, bei unsicheren Tieren auch Angst. Pferde stumpfen ab, wenn man immer wieder mit Kraft gegen sie arbeitet. Besser als ein Dauerzug am Strick sind kurze Impulse, die dem Pferd keine Möglichkeit geben, sich ins Seil zu hängen.

VERTRAUEN

Wenn Ihr Pferd sich sicher fühlt, wagt es sich mit Ihrer Unterstützung auch an furchterregende Gegenstände heran. Dabei sollten Sie so mit ihm umgehen, wie Sie selbst in einer stressigen Situation behandelt werden wollen: freundlich, verständnisvoll und geduldig.

Klarheit

Pferde lesen ständig unsere Körpersprache und orientieren sich daran. Wer dem Pferd mit unsicheren und fahrigen Bewegungen gegenübertritt, wirkt nicht sehr überzeugend. Die Pferdebesitzerin auf dem Foto signalisiert mt gestrafften Schultern und in die Seiten gestemmten Armen, dass sie selbstsicher und klar in ihren Ansagen ist. Wird der Körper weicher, runder, dann signalisiert das dem Pferd eine Pause oder Entspannung.

Mitdenken

Stellen wir uns vor, wir balancieren am Rand einer Schlucht und unsere Begleitperson versichert, dass da gar kein Abgrund ist. Für wie kompetent würden wir diese Person halten? Und wie wäre es, wenn unsere Begleitung die Gefahr ebenfalls wahr- und ernst nimmt und kluge Strategien zur Bewältigung auf Lager hat? Ähnlich fühlen sich vermutlich unsere Pferde, wenn sie vor etwas Angst haben und wir darüber hinweggehen. Besser ist es, wir schauen uns die Gefahrenstelle gemeinsam mit dem Pferd an und vergewissern uns, dass der gruselige Gegenstand harmlos ist. So beweisen wir unsere Kompetenz und können Entwarnung geben, indem wir den Gegenstand z. B. berühren. Vielleicht möchte das Pferd ihn auch beschnuppern, mit den Tasthaaren befühlen oder mit dem Maul untersuchen.

Einfühlen

Vielen Pferden ist das Einsprühen mit Fliegensprays und anderen Mittelchen nicht geheuer – sei es wegen des zischenden Geräuschs oder wegen des Sprays auf dem Fell. Auch hier sollten Sie die Sorgen des Pferdes ernst nehmen, ihm genau zeigen, was Sie da machen, und sich anfangs mit wenigen Sprühstößen zufriedengeben.

ANGST BEWÄLTIGEN

Angst ist bei Pferd und Mensch völlig normal. Für Pferde ist Erschrecken klug, weil ein schnelles Wegspringen ihr Überleben sichern kann. Auch uns Menschen kann ein banges Gefühl vor unnötigen Risiken schützen. Ungünstig ist es, wenn sich Pferd und Mensch mit ihrer Angst hochschaukeln.

Ablenkung

Manchmal steigern sich Pferde so sehr in die Angst vor irgendetwas hinein, dass sie für beruhigende Signale kaum noch empfänglich sind. In solchen Fällen kann es helfen, das Pferd durch eine andere Aufgabe, wie z. B. Seitwärtstreten, vom Schreckauslöser abzulenken. Mit etwas Glück merkt es in seiner Konzentration gar nicht, dass es sich dabei an der Gefahrenstelle vorbeibewegt.

Aufmerksamkeit

Es kommt vor, dass sich das Pferd nicht mehr auf die aktuelle Aufgabe konzentriert, weil es irgendwo etwas Beunruhigendes entdeckt hat. In diesem Fall müssen Sie freundlich, aber konsequent seine Aufmerksamkeit zurückholen. Fordern Sie zunächst etwas Einfaches, z. B. ein paar Schritte rückwärts oder eine Wendung von Ihnen weg. Egal, was Sie verlangen – Hauptsache, das Pferd achtet wieder auf Sie. Sobald Sie das erreicht haben, können Sie mit der eigentlichen Aufgabe fortfahren.

Unterstützung

Mit fachkundiger Unterstützung klappt vieles besser. So kann z. B. eine Person die Richtung vorgeben, in die sich das Pferd bewegen soll, während die andere von hinten treibend einwirkt. Das funktioniert aber nur, wenn beide an einem Strang ziehen. Für Grundsatzdiskussionen über die Erziehung des Pferdes ist jetzt der falsche Zeitpunkt.

Verladen

Es ist ein echter Vertrauensbeweis, wenn ein Pferd seinem Menschen in einen Pferdetransporter folgt. Manche Pferdeleute schicken ihre Vierbeiner auch vor. Egal, wer zuerst einsteigt – in jedem Fall kostet es das Pferd Überwindung, in so ein schmales Abteil zu treten. Oft ist es leichter, wenn man die vordere Tür öffnet, sodass Licht in den Hänger fällt. Vor dem Verladen sollte man sich immer vergewissern, dass die Rampe gleichmäßig auf dem Boden aufliegt und nicht wackelt. Um Unfälle zu vermeiden, darf das Pferd im Hänger erst angebunden werden, wenn die Heckstange verriegelt ist. Andernfalls kann es sich schlimm verletzen, wenn es in Panik gerät und sich angebunden nach hinten wirft.

Schon wegen ihrer körperlichen Überlegenheit können wir Pferde zu nichts zwingen – ganz davon abgesehen, dass wir damit ihr Vertrauen verspielen würden. Wir sind also darauf angewiesen, dass sie kooperieren. Für das Fluchttier Pferd sind z. B. Engpässe beängstigend. Darf sich das Pferd den schmalen Durchgang in Ruhe ansehen, wird es sich mit Unterstützung seiner Bezugsperson früher oder später hindurchwagen.

VERWÖHNEN

Die meisten Pferde lieben es, gestreichelt und massiert zu werden. Manche sind allerdings auch kitzlig oder haben mit Berührungen negative Erfahrungen gemacht. Deshalb müssen wir beim Verwöhnen und Putzen immer auf ihre Rückmeldungen achten und respektieren, wenn sie etwas nicht mögen.

Lieblingsstellen

Jedes Pferd hat Lieblingsstellen, an denen es besonders gern geknuddelt wird. Viele lieben Massagen am Mähnenkamm, Rücken oder an der Schweifrübe. Der Gesichtsausdruck und die Körpersprache des Pferdes verraten uns genau, wo es Berührung am schönsten findet. Oft lassen Pferde den Kopf entspannt sinken oder wackeln genüsslich mit der Oberlippe.

Kopfmassage

Am Kopf müssen wir vorsichtig ausprobieren, was ein Pferd mag. Kraulen Sie es behutsam an Stirn, Kinn und Ohren. Wenn das Pferd wohlig die Augen schließt, haben Sie einen Volltreffer gelandet. Hebt es dagegen den Kopf und weicht Ihrer Berührung aus, möchte es an dieser Stelle nicht geknuddelt werden.

Gegenseitig

Wenn wir es zulassen, erwidern viele Pferde unsere Streicheleinheiten, indem sie uns zärtlich beknabbern. Wenn Ihnen das nicht geheuer ist, schieben Sie den Pferdekopf am besten ruhig und gelassen weg. Ihr Pferd wird das verstehen, auch die Vierbeiner sind nicht immer in Schmuselaune.

Abwehrreaktionen

Ist dem Pferd eine Berührung unangenehm, so signalisiert es das ebenso deutlich wie seine Zustimmung. Die Abwehrreaktionen reichen von Fellzucken über das Wegdrücken des Rückens bis hin zum peitschenden Schweif. Zeigen Sie dem Pferd, dass Sie es verstanden haben, indem Sie es sofort sanfter berühren oder die ungeliebten Stellen erst einmal ganz in Ruhe lassen.

AUSBILDUNG

Pferde lernen viel durch Nachahmung. Findet ein Pferd etwas interessant, schauen sich oft auch die anderen diesen Gegenstand an. Macht ein Pferd einen Satz zur Seite, scheuen die anderen auch. Ganz ähnlich lernen Pferde von souveränen Führungspersonen.

Verständnis

Pferde reagieren auf unsere Körpersprache, aber auch auf unsere Stimme und auf Hilfsmittel wie Longe und Peitsche. Natürlich verstehen sie unsere Sprache nicht, aber sie können sehr wohl zwischen beruhigenden und aktivierenden Stimmkommandos unterscheiden. Auch die Bedeutung einzelner Worte kann ein Pferd lernen. Verbindet man z. B. ein lang gezogenes „Haaalt!“ mit einem Zupfen am Führstrick und dreht sich dabei bremsend vor das Pferd, so begreift es diesen Zusammenhang bald und reagiert schließlich nur noch auf das Stimmkommando.

Anforderungen

Weil Pferde in kleinen Schritten lernen, sollte man sie unangenehmen Situationen zunächst nur kurz aussetzen. Für das Herdentier Pferd ist z. B. das Alleinsein schwer auszuhalten. Doch bei Krankheit, Transporten oder auch beim Reiten gibt es immer wieder Situationen, in denen keine Artgenossen in Sicht sind. Oft hilft die Gesellschaft eines vertrauten Menschen und etwas Lieblingsfutter über eine neue Situation hinweg und erhöht die Frustrationstoleranz.

Entscheidungen

Wenn ein Pferd beharrlich nicht tun möchte, was es soll, kann man ihm das erwünschte Verhalten angenehm machen und das unerwünschte unangenehm. Will es z. B. nicht rückwärtsgehen, üben Sie mit Ihrer Körpersprache und gegebenenfalls mit einer Gerte Druck aus. Sobald das Pferd dann rückwärtsweicht, lässt der Druck nach.

MOTIVATION

Was Pferden leichtfällt, macht ihnen meist auch Spaß. Um ein Pferd anzuspornen, sollten wir deshalb dort anknüpfen, wo es Stärken hat und etwas anbietet. Das neue Vorhaben muss nicht gleich perfekt klappen. Auch erste Ansätze sind schon ein Lob wert, das wiederum die Motivation steigert.

↑ Zusammen bewegen

Viele Pferde haben Freude daran, sich gemeinsam mit ihrem Menschen zu bewegen. Je nach Fitness und Talent beider Partner können das Spaziergänge sein, kleine Kunststücke oder gemeinsame Sprünge. Wenn ein Pferd mit gespitzten Ohren Anlauf nimmt und gar nicht genug davon bekommen kann, sind Sie auf dem richtigen Weg.

Nichts ist demotivierender, als immer wieder an der gleichen Aufgabe zu scheitern. Wenn ein Pferd etwas partout nicht ausführen möchte, ist Detektivarbeit nötig. Ist es körperlich nicht in der Lage? Hat es in der Vergangenheit schlechte Erfahrungen gemacht? Vertraut es dem Menschen nicht, oder hat es schlicht keine Lust, sich anzustrengen? Oft kann man nur im Ausschlussverfahren herausfinden, warum etwas nicht klappt.

Lob und Pausen

Vor allem bei neuen Aufgaben sind Pferde auf unsere Rückmeldung angewiesen. Wie sollen sie sonst wissen, welches Verhalten wir uns wünschen? Wenn ein Pferd etwas auch nur ansatzweise richtig gemacht hat, ist ein Lob fällig. Das kann ein freundliches Kraulen, ein liebevolles Wort, ein Signal mit dem Clicker oder auch einfach eine Pause sein. Kurze Ruhephasen helfen den Pferden, das Gelernte zu verarbeiten. Strafen können Pferde dagegen nicht verstehen.

Gut, besser, am besten

Es klingt vermenschlichend, aber Pferde können tatsächlich stolz sein. Vielen bereitet es sichtlich Freude, knifflige Aufgaben immer besser zu meistern. Wenn sie dann noch ein überschwängliches Lob der Bezugsperson bekommen, kann man sie förmlich strahlen sehen.

MISSVERSTÄNDNISSE

Schwierigkeiten entstehen auch zwischen Mensch und Pferd immer dann, wenn einer den anderen nicht versteht. Wenn ein Pferd aus unserer Sicht etwas falsch macht, hat es dafür immer einen Grund. Vielleicht tut ihm etwas weh, oder wir waren nachlässig, unklar oder inkonsequent.

Übergriffig

Knabbert ein Pferd häufig an Ihnen herum, dann können Sie fast sicher sein, dass es in der Vergangenheit aus der Hand gefüttert wurde. Ständiges Betteln deutet darauf hin, dass das Futter nicht an bestimmte Situationen gebunden war. Stattdessen war das Pferd damit erfolgreich, die Menschen so lange zu nerven, bis diese ein Leckerli herausrückten. Da Pferde für diese Konditionierung nichts können, braucht man schlicht Geduld, um ihnen das Betteln wieder abzugewöhnen. Am besten gibt man solchen Pferden niemals etwas aus der Hand. Dann lernen sie irgendwann, dass das Knabbern sinnlos ist, und geben es auf.

Aus einer harmlosen Angewohnheit kann gefährliches Verhalten werden. Deshalb sollten wir gut überlegen, worauf wir ein Pferd konditionieren. Ist es z. B. daran gewöhnt, dass Stillstehen mit einem Leckerli belohnt wird – was tun Sie, wenn Sie an einer Straße anhalten müssen und keines dabeihaben? Kreist das Pferd ungeduldig um Sie herum, kann das auch für andere Verkehrsteilnehmer Folgen haben. Deshalb müssen wir den Respekt jederzeit einfordern können.

Scharren

Wenn Pferde mit den Hufen scharren, betteln sie oft um Futter. Es kann Langeweile dahinterstecken oder eine schlechte Angewohnheit. Auf keinen Fall darf man ein scharrendes Pferd füttern, damit es Ruhe gibt, denn damit hätte es sein Ziel erreicht und würde künftig erst recht scharren. Manchmal hilft es, das Scharren zu ignorieren. Bei einigen Pferden hat sich dieses Verhalten aber schon so verfestigt, dass man es ihnen nicht abgewöhnen kann.

Doppelbotschaften

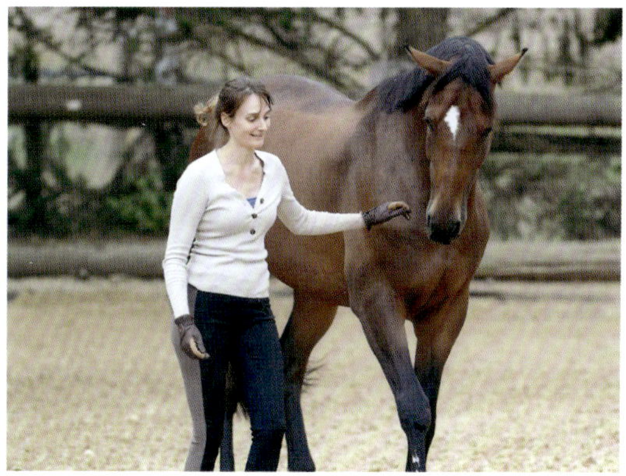

Weil Pferde durch und durch ehrlich sind, können sie mit Doppelbotschaften nichts anfangen. Wie soll ein Pferd einem Menschen z. B. an einer Gefahrenstelle vorbei folgen, wenn der Zweibeiner insgeheim selbst Zweifel hat, ob es klappen wird? Obwohl die Besitzerin beruhigend auf das Pferd einredet, verrät ihre Körpersprache, dass sie die Luft anhält. Folge: Das Pferd wirkt verunsichert.

Steigen

Man sollte sich gut überlegen, ob man einem Pferd das Steigen als Kunststück beibringt. Manche haben so viel Spaß an der Lektion, dass sie das Steigen auch von sich aus anbieten. Dann kann es passieren, dass sich ein fremdes Pferd plötzlich auf den Hinterbeinen aufrichtet, nur weil Sie die Arme gehoben haben. Auch dieses Missverständnis geht also auf das Konto der Zweibeiner.

MAROTTEN

Was wir Menschen als Problem ansehen, ist aus Sicht der Pferde nur eine Mitteilung. Sie drücken aus, was sie mögen, was nicht und wie sie sich fühlen. Ganz sicher ist es nicht ihre Absicht, uns zu ärgern oder zu stressen.

Nein danke

Manche Pferde suchen auf der Weide das Weite, wenn ihr Mensch sie hereinholen möchte. Das ist nicht nur nervig und zeitraubend, sondern zeigt auch deutlich, was das Pferd vom Zusammensein mit dem Zweibeiner hält – nämlich nichts. Genau hier muss man ansetzen: Statt das Pferd immer nur zum Reiten von der Weide zu holen, sollte man es öfter einmal zum Füttern und Putzen zum Stall führen. So verbindet es das Auftauchen des Menschen nicht immer nur mit Arbeit.

Futterneid

In Gruppenhaltung gibt es sie genauso wie in Einzelboxen: Pferde, die zur Fütterungszeit total ausflippen. Futterneid kann man kaum abstellen. Wenn man das futterneidische Pferd zuletzt füttert, randaliert es meist noch mehr. Damit im Stall wieder Ruhe einkehrt, sollte man diesem Pferd seine Ration zuerst geben. Noch besser ist die Unterbringung in einem Stall, in dem das Futter per Computer über den Tag verteilt ausgegeben wird.

Koppen

Beim Koppen setzt das Pferd die Schneidezähne z. B. auf einer Zaunlatte oder der Futterkrippe auf, schluckt Luft und gibt eine Art Rülpsen von sich. Hat es sich diese Verhaltensstörung erst einmal angewöhnt, legt es sie kaum wieder ab. Auslöser können Langeweile und lange Fütterungspausen sein.

Kleben

Wenn ein Pferd besonders an seinen Artgenossen hängt, bezeichnet man das als Kleben. Diese Angewohnheit äußert sich z. B. in wildem Herumrennen und Wiehern, wenn die anderen Pferde zuerst hereingeholt werden. Tatsächlich ist es für das Herdentier Pferd beunruhigend, allein zurückgelassen zu werden. Man kann Pferde aber in kleinen Schritten an die Situation gewöhnen, indem man sie anfangs nur ganz kurz allein lässt und die Zeitspanne allmählich ausdehnt. Wenn das Pferd immer wieder die Erfahrung macht, dass es nach der Trennung seine Herdenkollegen wiedersieht, kann es seine Angst vor dem Alleinsein überwinden.

Beim Weben schaukelt das Pferd im Stehen stereotyp von einem Vorderbein auf das andere. Meist gewöhnen Pferde sich diese Verhaltensauffälligkeit bei eintöniger Haltung an. Manchmal lässt das Weben nach, wenn man dem Pferd ein abwechslungsreicheres Leben ermöglicht. Bei manchen sitzt die Gewohnheit aber so fest, dass sie auch dann weiterweben.

PFERDEGLÜCK

Pferde lieben es, mit ihresgleichen draußen zu sein. Als Steppentiere bevorzugen sie Landschaften mit weiter, freier Sicht. Hier haben sie alles im Blick und fühlen sich sicher. Wenn dann noch ausreichend Nahrung und Bewegungsmöglichkeiten vorhanden sind, ist das Pferdeglück perfekt.

Freunde

Was gibt es Schöneres, als gemeinsam mit ein paar Freunden abzuhängen? Der Wind zerzaust einem das Fell, ab und zu vergewissert man sich mit einem Blinzeln, ob rundherum noch alles in Ordnung ist. Dann fallen einem die Augen schon wieder zu. Das Leben kann so schön sein!

Futter

Auch Raufutter satt macht Pferde glücklich. Sie können viele Stunden damit verbringen, die besten Halme und Blüten aus dem Heu zu zupfen, mit der Nase darin zu wühlen oder zu überprüfen, ob das Heu beim Nachbarn auch wirklich nicht anders schmeckt. Wer sagt denn, dass man mit Essen nicht spielen soll?

Bewegung

Rennen und Bocken, dass die Erde bebt – auch davon können Pferde manchmal nicht genug bekommen. Wenn sie im Auslauf oder auf der Weide erst einmal in Wallung geraten, können sie mit dem Toben oft nicht mehr aufhören. Dann geht die wilde Jagd hin und her, bis der Übermut ausgelebt und das Pferd völlig aus der Puste ist.

Verwöhnt werden

Eine zärtliche Massage ist für Pferde ebenfalls Genuss pur. Und wenn ein Vierbeiner mit halb geschlossenen Augen unsere Berührungen genießt, dann macht das auch uns Menschen glücklich.

SERVICE

Sie suchen einen Begriff zum schnellen Nachschlagen? Oder Sie wollen noch mehr über Pferde oder zum Reiten wissen? Im Serviceteil finden Sie unter der Rubrik „Zum Weiterlesen“ Bücher, die wir Ihnen ans Herz legen möchten. Das Register weist Ihnen schnell den Weg zur richtigen Stelle. Abgerundet wird der Serviceteil durch ein paar nützliche Adressen.

ZUM WEITERLESEN

Amler, Ulrike: **Alles über Pferde**, Haltung, Reiten, Rassen; KOSMOS 2022
Dieses Rundum-Infopaket bietet alles, was EinsteigerInnen wissen wollen. Übersichtliche Doppelseiten ermöglichen eine schnelle Orientierung zu den Themen Reiten, Haltung und Rassen. Von Sprache und Verhalten der Pferde über die Pflege bis hin zur Ausrüstung wird jedes Thema erklärt, und die schönen Fotos zeigen im Detail, worauf es ankommt.

Behling, Silke: **Pferderassen**; KOSMOS 2022
Vom Shetland Pony bis zum Shire Horse, vom Hannoveraner bis zum Andalusier – dieses kompakte Nachschlagewerk informiert kompetent über die bekanntesten und beliebtesten Pferderassen aller Welt. Kurzporträts mit rassetypischen Fotos und Größenskala geben einen schnellen Überblick über Aussehen, Herkunft und Besonderheiten der einzelnen Rassen und helfen bei der Auswahl des richtigen Pferdes.

Binder, Sibylle Luise: **Welches Pferd passt zu mir**, Pferderassen und ihre Besonderheiten; Kosmos 2017
Jeder Pferdefreund hat andere Wünsche und Ziele. Doch wie findet man das Traumpferd, mit dem diese in Erfüllung gehen? Sibylle Luise Binder porträtiert die beliebtesten Pferderassen: für sportlich ambitionierte Reiter, für Freizeitreiter, für Reiter, die Entspannung suchen, die gerne ins Gelände gehen, für Liebhaber großer Pferde, für Ponyfreunde ... und zeigt, wie der Weg vom Pferdetraum zum Traumpferd gelingt.

Eschbach, Andrea und Markus: **Der kleine Erziehungs-Ratgeber für Pferde**, KOSMOS 2020
Gut erzogene Pferde sind sichere Pferde. Wie wir es schaffen, dass unser Pferd brav stehenbleibt, sich ruhig führen lässt und aufmerksam zuhört, was wir von ihm möchten, erklären die Pferdeexperten Andrea und Markus Eschbach mit vielen Fotos in diesem Buch.

Hölzel, Petra / Schöffmann, Britta: **Pferdeführerschein – Umgang**; KOSMOS 2020
Wer ein offizielles Abzeichen im Pferdesport ablegen möchte, muss vorher den Pferdeführerschein Umgang in der Tasche haben. In diesem optimalen Prüfungsvorbereiter werden alle vorgeschriebenen Themen zum Pferdeverhalten, Pflege, Haltung und Gesundheit ausführlich und praxisnah behandelt.

Röckener, Lisa: **Mein Leben mit den Pferden**, KOSMOS 2021
Lisa Röckener erzählt, wie ihr junges Pferd Valoo ihren Umgang mit Pferden von Grund auf veränderte und wie sie ihren Weg von der Vielseitigkeitsreiterin zur Showreiterin und Trainerin fand. Ein sehr persönliches Buch, gespickt mit praktischem Rat fürs Pferdetraining und Reiten.

Schöpe, Sigrid: **Bodenarbeit mit Pferden**, Abwechslungsreiche Übungen, die Spaß machen; KOSMOS 2023
Egal ob Warmblut, Araber oder Shetland-Pony – Bodenarbeit gymnastiziert jedes Pferd, schafft Vertrauen und bringt Abwechslung in den Alltag von Pferd und Reiter. Sigrid Schöpe erklärt Bodenarbeit Schritt für Schritt – von einfachen Lektionen, die das Pferd bereits effektiv trainieren, bis zu Zirkustricks.

Schöpe, Sigrid: **Zirkustricks mit Pferden**, Gymnastizieren, Motivieren, Partnerschaft stärken; KOSMOS 2021
Zirkusarbeit begeistert! Ob Spanischer Schritt, Knien, Verbeugen oder Decke ausziehen – das Einüben bringt Abwechslung in den Trainingsalltag und sorgt für eine gehörige Portion Spaß und Motivation bei Pferd und Reiter. Der einzige Fotoratgeber zum Thema!

Wilsie, Sharon/Vogel, Gretchen: **Sprachkurs Pferd**, Pferdesprache lernen in 12 Schritten; KOSMOS 2018
Jedes Zucken von Ohr oder Nüster, jede Bewegung des Pferdes hat eine Bedeutung. Pferde reden mit uns, doch die meiste Zeit übersehen wir diese Signale. Mit diesem Übersetzungshelfer lernen wir, die Sprache unserer Pferde zu verstehen und uns mit ihnen so zu unterhalten, dass sie unsere Wünsche verstehen und sich verstanden fühlen.

NÜTZLICHE ADRESSEN

Deutsche Reiterliche Vereinigung e. V. (FN)
Freiherr-von-Langen-Str. 13
D-48231 Warendorf
Tel. +49-(0)2581-63620
www.pferd-aktuell.de

Vereinigung der Freizeitreiter und -fahrer in Deutschland e.V. (VFD)
Krista Perez Sanchez
Grenzstraße 23
D-27239 Twistringen
Tel. +49-(0)4243-942404
www.vfdnet.de

Österreichischer Pferdesportverband (OEPS)
Am Wassersprung 2
A-2361 Laxenburg
Tel. +43-(0)2236-710600
www.oeps.at

Schweizerischer Verband für Pferdesport (SVPS)
Papiermühlestr. 40 H
CH-3000 Bern 22
Tel. +41-(0)31-3354343
www.fnch.ch

REGISTER

Bildnachweis

87 Farbfotos wurden von Horst Streitferdt/Kosmos für dieses Buch aufgenommen.
Weitere Bilder sind von Adobe Stock (S. 22: tanitost; 23 o: Facing the unknown), Anna Auerbach/Kosmos (S. 16 o., 34, 73 o., 78), Ilja van de Kasteele/Kosmos (S. 19 u.), Lisa Rädlein/Kosmos (S. 9 u., 18 u., 27 u., 67 u., 73 u., 81 o.), Sandra Reitenbach/Kosmos (S. 64, 77 u., 82, 83 u.), Shutterstock (S. 12 r: Espen Helland, 29 o.l. und 29 o.r.: Rita Kochmarjova; S. 38 u., 53 u.: Ronnie Howard; S. 56: pfluegler-photo; S. 88 o.: Blanca mR) und Christiane Slawik (6/7, 10, 12 l., 13 o.r., 13 M., 13 u.l., 20, 21 o., 21 u., 24 o., 24 u., 25 o., 25 u., 26, 27 o.l., 27 o.r., 28, 33 o., 36 o., 36 u., 39 o.,39 u., 41 M., 42/43, 48 o., 51 u., 54, 55 o., 55 u., 60 o., 60 u., 61 o., 61 u., 85 o., 86 o., 86 u., 89 o., 90/91).

Impressum

Umschlaggestaltung von GRAMISCI Editorialdesign/Isabelle Fischer, München, unter Verwendung von zwei Farbfotos von Christiane Slawik.
Die Bilder auf der Klappe sind von Horst Streitferdt/Kosmos und Christiane Slawik (Innenklappe vorn).

Mit 152 Farbfotos.

Gedruckt auf chlorfrei gebleichtem Papier

ISBN 978-3-440-17435-7
Redaktion: Birgit Bohnet
Gestaltungskonzept: Walter Typografie & Grafik, Würzburg
Gestaltung und Satz: Atelier Krohmer, Dettingen/Erms
Produktion: Claudia Frank
Druck und Bindung: Westermann Druck Zwickau GmbH, Zwickau
Printed in Germany / Imprimé en Allemagne

FSC www.fsc.org MIX Papier | Fördert gute Waldnutzung FSC® C110508